计算机技术与安全研究

王宗运　张士华　麦海新　主编

哈尔滨出版社
H.P.H
HARBIN PUBLISHING HOUSE

图书在版编目（CIP）数据

计算机技术与安全研究 / 王宗运，张士华，麦海新
主编 . -- 哈尔滨：哈尔滨出版社，2024.1
ISBN 978-7-5484-6736-6

Ⅰ．①计… Ⅱ．①王… ②张… ③麦… Ⅲ．①计算机
安全-研究 Ⅳ．① TP309

中国版本图书馆 CIP 数据核字（2022）第 172542 号

书　　名：**计算机技术与安全研究**
JISUANJI JISHU YU ANQUAN YANJIU

作　　者：王宗运　张士华　麦海新　主编
责任编辑：韩伟锋
封面设计：张　华
出版发行：哈尔滨出版社 (Harbin Publishing House)
社　　址：哈尔滨市香坊区泰山路 82-9 号　邮编：150090
经　　销：全国新华书店
印　　刷：廊坊市广阳区九洲印刷厂
网　　址：www.hrbcbs.com
E - mail：hrbcbs@yeah.net
编辑版权热线：（0451）87900271　87900272
开　　本：787mm×1092mm　1/16　印张：11.5　字数：260 千字
版　　次：2024 年 1 月第 1 版
印　　次：2024 年 1 月第 1 次印刷
书　　号：ISBN 978-7-5484-6736-6
定　　价：68.00 元

凡购本社图书发现印装错误，请与本社印制部联系调换。
服务热线：（0451）87900279

编委会成员

主　编

王宗运　潍坊护理职业学院

张士华　中国联合网络通信有限公司东莞市分公司

麦海新　中国联合网络通信有限公司东莞市分公司

副主编

常建丽　清华大学出版社

段　宁　中国机械设备工程股份有限公司

孔家聪　广州市城市建设档案馆

李　明　牡丹江师范学院

夏　浩　北京市化工职业病防治院

（以上副主编排序以姓氏首字母为序）

前　言

　　全球信息化时代的到来，为人们的生活带来了巨大变化，信息共享、信息交互程度不断提高，同时也对计算机网络安全提出了更高要求。如何使网络系统中的硬件、软件，以及传输数据的安全得到有效保证，成为信息时代的首要问题。

　　网络信息化的高速形成，推动了计算机安全技术的快速发展，信息产业逐步成为我国三大支柱产业之一。社会信息化程度的提高，在给人们的日常生活带来便捷的同时，也带来了信息安全问题，网络信息安全问题不仅威胁了人们，还直接影响了信息查阅的可持续发展。因此，如何利用好安全技术，保障计算机信息系统和网络信息的安全是信息产业面临的重要课题。

　　计算机信息系统安全技术对保障计算机信息系统安全和网络信息安全具有重要意义，因此，必须加大对计算机信息系统安全的研究和实践，保障计算机系统的持续发展；必须构建完善科学的计算机信息系统安全技术体系，严格约束使用人员对计算机的使用，不断完善信息系统安全技术，构建一个安全的计算机信息系统，营造一个安全的网络环境。

目 录

第一章　计算机的基础知识 ……………………………………………………… 1

　　第一节　计算机的先驱 ……………………………………………………… 1

　　第二节　计算机的发展 ……………………………………………………… 2

　　第三节　计算机的分类 ……………………………………………………… 8

　　第四节　现代计算机的特点 ……………………………………………… 19

　　第五节　计算机的科学应用 ……………………………………………… 20

　　第六节　计算思维概述 …………………………………………………… 21

第二章　计算机控制系统中的控制策略与实现 …………………………… 24

　　第一节　数据处理方法 …………………………………………………… 24

　　第二节　数字 PID 控制算法 ……………………………………………… 26

　　第三节　基于数字 PID 控制的复杂控制系统 …………………………… 29

　　第四节　模型预测控制 …………………………………………………… 30

第三章　信息安全与计算机新技术 ………………………………………… 32

　　第一节　计算机系统安全概述 …………………………………………… 32

　　第二节　计算机病毒 ……………………………………………………… 35

　　第三节　防火墙技术 ……………………………………………………… 39

　　第四节　系统漏洞与补丁 ………………………………………………… 44

　　第五节　系统备份与还原 ………………………………………………… 45

　　第六节　计算机新技术 …………………………………………………… 49

第四章　探索计算机新技术 ………………………………………………… 64

　　第一节　认识云计算技术 ………………………………………………… 64

第二节　培养大数据思维 ………………………………………………… 65

第三节　触摸人工智能 …………………………………………………… 67

第四节　玩转虚拟现实 …………………………………………………… 68

第五节　解密区块链技术 ………………………………………………… 69

第五章　计算机网络安全基础 ………………………………………………… 72

第一节　网络安全的基本属性 …………………………………………… 72

第二节　网络安全概念的演变 …………………………………………… 78

第三节　网络安全风险管理 ……………………………………………… 82

第六章　网络安全检测技术 …………………………………………………… 93

第一节　网络安全检测技术概述 ………………………………………… 93

第二节　安全漏洞扫描技术 ……………………………………………… 94

第三节　网络入侵检测技术 ……………………………………………… 109

第七章　数据安全 ……………………………………………………………… 122

第一节　数据安全概述 …………………………………………………… 122

第二节　数据存储技术 …………………………………………………… 127

第三节　数据容错 ………………………………………………………… 138

第四节　容灾技术 ………………………………………………………… 146

第八章　云基础设施安全 ……………………………………………………… 156

第一节　云基础设施概述 ………………………………………………… 156

第二节　网络安全 ………………………………………………………… 162

第三节　虚拟化技术及其安全 …………………………………………… 163

第四节　云服务级安全 …………………………………………………… 168

第五节　应用级安全 ……………………………………………………… 171

结　语 …………………………………………………………………………… 174

参 考 文 献 …………………………………………………………………… 175

第一章　计算机的基础知识

计算机是一种能够按照程序运行，自动、高速处理海量数据的现代化智能电子设备，是 20 世纪最伟大的科学技术发明之一。计算机对人类的生产活动和社会活动产生了极其重要的影响，并以强大的生命力飞速发展。它的应用领域从最初的军事科研应用扩展到社会的各个领域，已形成规模巨大的计算机产业，带动了全球范围的技术进步，由此引发了深刻的社会变革，本章将对计算机的基础知识进行分析。

第一节　计算机的先驱

原始社会时期，人类使用结绳、垒石或枝条等工具进行辅助计算和计数。

春秋时期，我们的祖先发明了算筹计数的"筹算法"。

公元 6 世纪，中国开始使用算盘作为计算工具，算盘是我国人民独特的创造，是第一种彻底采用十进制计算的工具。

人类一直在追求计算的速度与精度的提高。1620 年，欧洲学者发明了对数计算尺；1642 年，布莱斯·帕斯卡发明了机械计算机；1854 年，英国数学家布尔提出了符号逻辑思想。

1. 查尔斯·巴贝奇——通用计算机之父

19 世纪，英国数学家查尔斯·巴贝奇提出通用数字计算机的基本设计思想，于 1822 年设计了一台差分机。其后，巴贝奇又提出了分析机的概念，将机器分为堆栈、运算器、控制器三个部分，并于 1832 年设计了一种基于计算自动化的程序控制分析机，提出了几乎完整的计算机设计方案。

用现在的说法，把它叫作计算器更合适。但相对于那时的科学来说，巴贝奇的机械式计算机已经是一个相当大的进步了，从"0"到"1"的艰辛及伟大的实践更是难能可贵。

2. 约翰·阿塔那索夫——电子计算机之父

约翰·阿塔那索夫，美国人，保加利亚移民的后裔。他将机械式计算机改成了电子晶体式的 ABC 计算机。

艾伦·麦席森·图灵提出来图灵机模型为现代计算机的逻辑工作方式奠定了基础，

因此,计算机界将图灵也称为"人工智能之父"。与此同时,计算机界最高奖项"图灵奖"也是以图灵的名字来命名的,目的是纪念图灵为计算机界所做出的突出贡献。

3.约翰·冯·诺依曼——现代计算机之父

在此之前,计算机还只是能做计算和编程而已,要发展成现在用的计算机,还得依靠约翰·冯·诺依曼的计算机理论。

1943年,冯·诺依曼提出了"存储程序通用电子计算机方案",也就是现在的处理器、主板、内存、硬盘的计算机组合方式,这时计算机技术才正式步入时代的大舞台。根据冯·诺依曼所做出的突出贡献,大家便赋予了他"现代计算机之父"的称号。

第二节　计算机的发展

一、第一代计算机

第二次世界大战期间,美国和德国都需要精密的计算工具来计算弹道和破解电报,美军当时要求实验室为陆军炮弹部队提供火力表,千万不要小看区区的火力表,每张火力表都要计算几百条弹道,每条弹道的数学模型都是非常复杂的非线性方程组,只能求出近似值,但即使是求近似值也不是件容易的事情。以当时的计算工具,即使雇用200多名计算员加班加点也需要2~3个月才能完成一张火力表。在战争期间,时间就是胜利,没有人能等这么久,按这种速度可能等计算结果出来,战争都已经打完了。

第二次世界大战使美国军方产生了快速计算导弹弹道的需求,军方请求宾夕法尼亚大学的约翰·莫克利博士研制具有这种用途的机器。莫克利与研究生普雷斯泊·埃克特一起用真空管建造了电子数字积分计算机,这是人类的第一台全自动电子计算机,它开辟了信息时代的新纪元,是人类第三次产业革命开始的标志。这台计算机从1946年2月开始投入使用,直到1955年10月最后切断电源,服役9年多。它包含18000多只电子管,70000多个电阻,10000多个电容,6000多个开关,质量达30吨,占地170平方米,运算速度为5 000/s次加减法。

ENIAC是第一台真正意义上的电子数字计算机。硬件方面的逻辑元件采用真空电子管,主存储器采用汞延迟线,阴极射线示波管静电存储器、磁鼓和磁芯,外存储器采用磁带,软件方面采用机器语言、汇编语言,应用领域以军事和科学计算为主。其特点是,体积大功耗高可靠性差、速度慢(一般为每秒数千次至数万次),价格昂贵,但为以后的计算机发展奠定了基础。ENIAC(美国)与同时代的Colossus(英国)、Z3(德国)被看成是现代计算机时代的开端。

二、第二代计算机

第一代电子管计算机存在很多毛病，如体积庞大，使用寿命短。就如上节所述的 ENIAC（电子数字积分计算机）包含 18000 个真空管，但凡有一个真空管烧坏了，机器就不能运行，必须人为地将烧坏的真空管找出来，制造维护和使用都非常困难。

1947 年，晶体管（也称"半导体"）由贝尔实验室的肖克利、巴丁和布拉顿所发明，晶体管在大多数场合都可以完成真空管的功能，而且体积小、质量小、速度快，它很快就替代了真空管成了电子设备的核心组件。首先使用晶体管技术的是早期的超级计算机，主要用于原子科学的大量数据处理，这些机器价格昂贵，生产数量极少。1954 年，贝尔实验室研制出了世界上第一台全晶体管计算机 TRADIC，装有 800 只晶体管，功率仅 100 W，它成为第二代计算机的典型机器。其间的其他代表机型有 IBM7090 和 PDP—1 在一台闲置的 PDP—7 主机上创造了 UNIX 操作系统）。

计算机中存储的程序使得计算机有很好的适应性，主要用于科学和工程计算，也可以更有效地用于商业用途。在这一时期出现了更高级的 COBOL 语言和 FORTRAN 语言等，以单词、语句和数学公式代替了含混晦涩的二进制机器码，使计算机编程更容易。新的职业（程序员、分析员和计算机系统专家）和整个软件产业由此诞生。

三、第三代计算机

1958—1959 年，得州仪器与仙童公司研制出集成电路。所谓 IC，就是采用一定的工艺技术把一个电路中所需的晶体管、二极管、电阻、电容和电感等元件及布线互连在一起，制作在一小块或几小块半导体晶片或介质基片上，然后封装在一个管壳内，这是一个巨大的进步。其基本特征是，逻辑元件采用小规模集成电路 SSI 和中规模集成电路 MSI。集成电路的规模生产能力、可靠性、电路设计的模块化方法，确保了快速采用标准化集成电路代替了设计使用的离散晶体管。第三代电子计算机的运算速度每秒可达几十万次到几百万次，存储器进一步发展，体积越来越小，价格越来越低，软件也越来越完善。

集成电路的发明，促使 IBM 决定召集 6 万多名员工，创建 5 座新工厂。1964 年，IBM 生产了由混合集成电路制成的 IBM350 系统，这成为第三代计算机的重要里程碑。

由于当年计算机昂贵，IBM360 售价为 200 万~250 万美元（约合现在 2000 万美元），只有政府、银行航空和少数学校才能负担得起。为了让更多人用上计算机，麻省理工学院、贝尔实验室和通用电气公司共同研发出分时多任务操作系统 Multics UNIX 的前身，绝大多数现代操作系统都深受 Multics 的影响，无论是直接的还是间接的。

Multics 的概念是希望计算机的资源可以为多终端用户提供计算服务（这个思路和云计算基本一致），后因 Multics 难度太大，项目进展缓慢，贝尔实验室和通用电气公司相继退出此项目，曾参与 Multics 开发的贝尔实验室的程序员肖·汤普森因为需要新的操作系统来运行他的《星际旅行》游戏，在申请机器经费无果的情况下，他找到一台废弃的 PDP—7 小型机器，开发了简化版的 Multics，就是第一版的 UNIX 操作系统。丹尼斯·里奇在 UNIX 的程序语言基础上发明了 C 语言，然后汤普森和里奇用 C 语言重写了 UNIX，奠定了 UNIX 的坚实基础。

四、第四代计算机

1970 年以后，出现了采用大规模集成电路和超大规模集成电路为主要电子器件制成的计算机，重要分支是以大规模、超大规模集成电路为基础发展起来的微处理器和微型计算机。

1971 年 1 月，Intel 的特德·霍夫成功研制了第一枚能够实际工作的微处理器 4004，该处理器在面积约 12 平方毫米的芯片上集成了 2250 个晶体管，运算能力足以超过 ENICA。Intel 于同年 11 月 15 日正式对外公布了这款处理器。主要存储器使用的是半导体存储器，可以进行每秒几百万到千亿次的运算，其特点是计算机体系架构有了较大发展，并行处理、多机系统、计算机网络等进入使用阶段；软件系统工程化、理论化、程序设计实现部分自动化的能力。

同时期，来自《电子新闻》的记者唐·赫夫勒依据半导体中的主要成分硅命名了当时的帕洛阿托地区，"硅谷"由此得名。

1972 年，原 CDC 公司的西蒙·克雷博士独自创立了"克雷研究公司"，专注于巨型机领域。

1973 年 5 月，由施乐 PARC 研究中心的鲍伯·梅特卡夫组建的世界上第一个个人计算机局域网络——ALTO ALOHA 网络开始正式运转，梅特卡夫将该网络改名为"以太网"。

1974 年 4 月，Intel 推出了自己的第一款 8 位微处理芯片 8080。

1974 年 12 月，电脑爱好者爱德华·罗伯茨发布了自己制作的装配有 8080 处理器的计算机"牛郎星"，这也是世界上第一台装配有微处理器的计算机，从此掀开了个人电脑的序幕。

1975 年，克雷完成了自己的第一个超级计算机"克雷一号"（CARY-1），实现了 1 亿次每秒的运算速度。该机占地不到 7 平方米，质量不超过 5 吨，共安装了约 35 万块集成电路。

1975 年 7 月，比尔·盖茨在成功为"牛郎星"配上了 BASIC 语言之后从哈佛大学退学，与好友保罗·艾伦一同创办了微软公司，并为公司制定了奋斗目标："每一个家庭每一张桌上都有一部微型电脑运行着微软的程序！"

1976 年 4 月，斯蒂夫·沃兹尼亚克和斯蒂夫·乔布斯共同创立了苹果公司，并推出了自己的第一款计算机：Apple-I。

1977 年 6 月，拉里·埃里森与自己的好友鲍勃·米纳和爱德华·奥茨一起创立了甲骨文公司。

1979 年 6 月，鲍伯·梅特卡夫离开了 PARC，并同霍华德·查米、罗恩·克兰（Ron Crane）、格雷格·肖和比尔·克劳斯组成一个计算机通信和兼容性公司，这就是现在著名的 3Com 公司。

五、第五代计算机

第五代计算机也称"智能计算机"，是将信息采集、存储处理、通信同人工智能结合在一起的智能计算机系统。它能进行数值计算或处理一般的信息，主要面向知识处理，具有形式化推理联想学习和解释的能力，能够帮助人们进行判断、决策、开拓未知领域和获得新的知识。人机之间可以直接通过自然语言（声音、文字）或图形图像交换信息。

第五代计算机是为适应未来社会信息化的要求而提出的，与前四代计算机有着本质的区别，是计算机发展史上的一次重大变革。

1. 基本结构

第五代计算机的基本结构通常由问题求解与推理、知识库管理和智能化人 / 机接口三个基本子系统组成。

问题求解与推理子系统相当于传统计算机中的中央处理器。与该子系统打交道的程序语言称为核心语言，国际上都以逻辑型语言或函数型语言为基础进行这方面的研究，它是构成第五代计算机系统结构和各种超级软件的基础。

知识库管理子系统相当于传统计算机主存储器、虚拟存储器和文件系统的结合。与该子系统打交道的程序语言称为高级查询语言，用于知识的表达、存储、获取和更新等。这个子系统的通用知识库软件是第五代计算机系统基本软件的核心。通用知识库包含日用词法、语法语言字典和基本字库常识的一般知识库，用于描述系统本身技术规范的系统知识库；将某一应用领域，如超大规模集成电路设计的技术知识集中在一起的应用知识库。

智能化人 / 机接口子系统使人能通过说话、文字、图形和图像等与计算机对话，用人类习惯的各种可能方式交流信息。这里，自然语言是最高级的用户语言，它使非专业人员操作计算机，并为从中获取所需的知识信息提供可能。

2. 研究领域

当前，第五代计算机的研究领域大体包括人工智能、系统结构软件工程和支援设备，以及对社会的影响等。人工智能的应用将是未来信息处理的主流，因此，第五代计算机的发展，必将与人工智能、知识工程和专家系统等的研究紧密相连。

电子计算机的基本工作原理是先将程序存入存储器中，然后按照程序逐次进行运算。这种计算机是由美国物理学家冯·诺依曼首先提出理论和设计思想的，因此又称"诺依曼机器"。第五代计算机系统结构将突破传统的诺依曼机器的概念。这方面的研究课题应包括逻辑程序设计机、函数机、相关代数机、抽象数据型支援机、数据流机、关系数据库机、分布式数据库系统、分布式信息通信网络等。

六、计算机的发展趋势

计算机作为人类最伟大的发明之一，其技术发展深刻地影响着人们的生产和生活。特别是随着处理器结构的微型化，计算机的应用从之前的国防军事领域开始向社会各个行业发展，如教育系统、商业领域、家庭生活等。计算机的应用在我国越来越普遍，改革开放以后，我国计算机用户的数量不断攀升，应用水平不断提高，特别是互联网、通信、多媒体等领域的应用取得了骄人的成绩。据统计，2019 年 1～11 月，全国电子计算机累计产量达 32277 万台；截至 2019 年 11 月，中国移动互联网活跃用户高达 8.54 亿人；截至 2019 年 12 月，我国网站数量为 497 万个。

计算机从出现至今，经历了机器语言、程序语言、简单操作系统和 Linux Macos、BSD、Win—dows 等现代操作系统，运行速度也得到了极大提升，第四代计算机的运算速度已经达到几十亿秒。计算机也由原来的仅供军事、科研使用，发展到人人拥有。由于计算机强大的应用功能，从而产生了巨大的市场需要，未来计算机性能应向着巨型化、微型化、网络化、智能化、网格化和非冯·诺依曼式计算机等方向发展。

1. 巨型化

巨型化是指研制速度更快、存储量更大和功能更强的巨型计算机。主要应用于天文气象、地质和核技术、航天飞机和卫星轨道计算等尖端科学技术领域，研制巨型计算机的技术水平是衡量一个国家科学技术与工业发展水平的重要标志。

2. 微型化

微型化是指利用微电子技术和超大规模集成电路技术，将计算机的体积进一步缩小，价格进一步降低。计算机的微型化已成为计算机发展的重要方向，各种笔记本电脑和 PDA 的大量面世和使用，是计算机微型化的一个标志。

3. 多媒体化

多媒体化是对图像、声音的处理，是目前计算机普遍需要具有的基本功能。

4. 网络化

计算机网络是通信技术与计算机技术相结合的产物。计算机网络是将不同地点、不同计算机之间在网络软件的协调下共享资源。为适应网络通信的要求，计算机对信息处理速度、存储量均有较高的要求，计算机的发展必须适应网络发展。

5. 智能化

计算机智能化是指使计算机具有模拟人的感觉和思维过程的能力。智能化的研究包括模拟识别、物形分析、自然语言的生成和理解、博弈、定理自动证明、自动程序设计、专家系统学习系统和智能机器人等。目前，已研制出多种具有人的部分智能的机器人，可代替人在一些危险的岗位上工作。如今家庭智能化的机器人将是继计算机之后下一个家庭普及的信息化产品。

6. 网格化

网格技术可以更好地管理网上资源，它将整个互联网虚拟成一个空前强大的一体化信息系统，犹如一台巨型机，在这个动态变化的网络环境中，实现计算资源、存储资源、数据资源、信息资源、知识资源、专家资源的全面共享，从而让用户从中享受可灵活控制的、智能的、协作式的信息服务，并获得前所未有的使用方便性和超强能力。

7. 非冯·诺依曼式计算机

随着计算机应用领域的不断扩大，采用存储方式进行工作的冯·诺依曼式计算机逐渐显露出局限性，从而出现了非冯·诺依曼式计算机的构想。在软件方面，非冯·诺依曼语言主要有 LISP，PROLOG 和 F.P；而在硬件方面，提出了与人脑神经网络类似的新型超大规模集成电路——分子芯片。

基于集成电路的计算机短期内还不会退出历史舞台，而一些新的计算机正在跃跃欲试地加紧研究，这些计算机是能识别自然语言的计算机、高速超导计算机、纳米计算机、激光计算机、DNA 计算机、量子计算机、生物计算机、神经元计算机等。

（1）纳米计算机是用纳米技术研发的新型高性能计算机

纳米管元件尺寸在几到几十纳米范围，质地坚固，有着极强的导电性，能代替硅芯片制造计算机。"纳米"是计量单位，$1 \text{ nm}=10^{-9}\text{m}$，大约是氢原子直径的 10 倍。纳米技术是从 20 世纪八十年代初迅速发展起来的科研前沿领域，最终目标是让人类按照自己的意志直接操纵单个原子，制造出具有特定功能的产品。纳米技术正从微电子机械系统起步，把传感器电动机和各种处理器都放在一个硅芯片上而构成一个系统。应用纳米技术研制的计算机内存芯片，其体积只有数百个原子大小，相当于人的头发丝直径的 1/1000。纳米计算机几乎不需要耗费任何能源，而且其性能要比今天的计算机强许多倍。

（2）生物计算机

20 世纪八十年代以来，生物工程学家对人脑、神经元和感受器的研究倾注了大量精力，以期研制出可以模拟人脑思维、低耗、高效的生物计算机。用蛋白质制造的电脑芯片，存储量可达普通电脑的 10 亿倍。生物电脑元件的密度比大脑神经元的密度高 100 万倍，传递信息的速度也比人脑思维的速度快 100 万倍。

（3）神经元计算机

神经元计算机的特点是可以实现分布式联想记忆，并能在一定程度上模拟人和动物的学习方式。它是一种有知识、会学习、能推理的计算机，具有能理解自然语言、声音、文字和图像的能力，还能够用自然语言与人直接对话，它可以利用已有的和不断学习的知识，进行思维、联想、推理并得出结论，能解决复杂问题，具有汇集、记忆检索有关知识的能力。

在 IBM Think2018 大会上，IBM 展示了号称是全球最小的电脑，需要显微镜才能看清，因为这部电脑比盐粒还要小很多，而且这个微型电脑的成本只有 10 美分。麻雀虽小，但五脏俱全。这是一个货真价实的电脑，里面有几十万个晶体管，搭载了 SRAM（静态随机存储芯片）芯片和光电探测器。这部电脑不同于人们常见的个人电脑，其运算能力只相当于 40 多年前的 X86 电脑。不过这个微型电脑并不用于常见的领域，而是用在数据的监控、分析和通信上。实际上，这个微型电脑是用于区块链技术的，可以用作区块链应用的数据源，追踪商品的发货，预防偷窃和欺骗，还可以进行基本的人工智能操作。

第三节　计算机的分类

计算机分类的方式有很多种。按照计算机处理的对象及其数据的表示形式可分为：数字计算机、模拟计算机、数字模拟混合计算机。

第一，数字计算机。该类计算机输入、处理、输出和存储的数据都是数字量，这些数据在时间上是离散的。

第二，模拟计算机。该类计算机输入、处理、输出和存储的数据是模拟量（如电压电流等），这些数据在时间上是连续的。

第三，数字模拟混合计算机。该类计算机将数字技术和模拟技术相结合，兼有数字计算机和模拟计算机的功能。

按照计算机的用途及其使用范围可分为：通用计算机和专用计算机。

第一，通用计算机。该类计算机具有广泛的用途，可用于科学计算、数据处理、过程控制等。

第二，专用计算机。该类计算机适用于某些特殊的领域，如智能仪表、军事装备的自动控制等。

按照计算机的规模可分为巨型计算机（超级计算机）、大/中型计算机、小型计算机、微型计算机、工作站、服务器，以及手持式移动终端、智能手机、网络计算机等类型。

一、超级计算机

巨型计算机又称超级计算机，它诞生于 1983 年 12 月。它使用通用处理器及 UNIX 或类 UNIX 操作系统（如 Linux），计算的速度与内存性能、大小相关，主要应用于密集计算、海量数据处理等领域。它一般需要使用大量处理器，通常由多个机柜组成。在政府部门和国防科技领域曾得到广泛应用，诸如，石油勘探、国防科研等。自 20 世纪九十年代中期以来，巨型机的应用领域开始得到扩展，从传统的科学和工程计算延伸到事务处理、商业自动化等领域。国际商业机器公司 IBM 曾致力于研究尖端超级计算，在计算机体系结构中，在必须编程和控制整体并行系统的软件中，和在重要生物学的高级计算中应用。而 Blue Gene/L 超级计算机就是 IBM 公司、利弗摩尔实验室和美国能源部为此而联合制作完成的超级计算机。在我国，巨型机的研发也取得了很大进步，推出了"天河""神威"等代表国内最高水平的巨型机系统，并在国民经济的关键领域得到了广泛应用。

二、大型计算机

大型计算机作为大型的商业服务器，在今天仍具有很强活力。它一般用于大型事务处理系统，特别是过去完成的且不值得重新编写的数据库应用系统方面，其应用软件通常是硬件成本的好几倍，因此，大型机仍有一定地位。

大型机体系结构的最大好处是无与伦比的 I/O 处理能力。虽然大型机处理器并不总是拥有领先优势，但是它的 I/O 体系结构使其能处理好几个 PC 服务器才能处理的数据。大型机的另一些特点包括它的大尺寸和使用液体冷却处理器阵列。在使用大量中心化处理的组织中，其仍有重要地位。

由于小型计算机的到来，新型大型机的销售速度已经明显放缓。在电子商务系统中，如果数据库服务器或电子商务服务器需要高性能、高效的 I/O 处理能力，可以采用大型机。

1. 发展历史

20 世纪 60 年代，大多数主机没有交互式的界面，通常使用打孔卡、磁带等。1964 年，IBM 引入了 System/360，它是由 5 种功能越来越强大的计算机所组成的系列，这些计算机运行同一操作系统并能够使用相同的 44 个外围设备。

1972 年，SAP 公司为 System/360 开发了革命性的"企业资源计划"系统。

1999 年，Linux 出现在 System/390 中，第一次将开放式源代码计算的灵活性与主机的传统可伸缩性和可靠性相结合。

2. 大型计算机的特点

现代大型计算机并非主要通过每秒运算次数 MIPS 来衡量性能，而是可靠性、安全性、向后兼容性和极其高效的 I/O 性能。主机通常强调大规模的数据输入 / 输出，着重强调数据的吞吐量。大型计算机可以同时运行多操作系统，不像是一台计算机而更像是多台虚拟机，一台主机可以替代多台普通的服务器，是虚拟化的先驱；同时，主机还拥有强大的容错能力。

大型机使用专用的操作系统和应用软件，在主机上编程采用 COBOL，同时采用的数据库为 IBM 自行开发的 DB2。在大型机上工作的 DB2 数据库管理员能够管理比其他平台多 3~4 倍的数据量。

3. 与超级计算机的区别

超级计算机有极强的计算速度，通常用于科学与工程上的计算，其计算速度受运算速度与内存大小所限制；而主机运算任务主要受数据传输与转移、可靠性及并发处理性能所限制。主机更倾向于整数运算，如订单数据、银行数据等；同时在安全性、可靠性和稳定性方面优于超级计算机。而超级计算机更强调浮点运算性能，如天气预报。主机在处理数据的同时需要读写或传输大量信息，如海量的交易信息、航班信息等。

三、小型计算机

小型计算机是相对于大型计算机而言的，小型计算机的软件、硬件系统规模比较小，但价格低、可靠性高，便于维护和使用。小型计算机是硬件系统比较小，但功能却不少的微型计算机，方便携带和使用。近年来，小型机的发展也十分引人注目，特别是缩减指令系统计算机体系结构，顾名思义就是指令系统简化缩小了的计算机，而过去的计算机则统属于复杂指令系统计算机。

小型机运行原理类似于 PC（个人电脑）和服务器，但性能及用途又与它们截然不同，它是 20 世纪 70 年代由 DCE 公司（数字设备公司）首先开发的一种高性能计算产品。

小型机具有区别 PC 及其服务器的特有体系结构，还有各制造厂自己的专利技术，比如，美国 Sun、日本 Fujitsu（富士通）等公司的小型机是基于 SPARC 处理器架构；美国 HP 公司的则是基于 PA-RISC 架构；Compaq 公司是 AIpha 架构；另外，I/O 总线也不相同，Fujitsu 是 PCI，Sun 是 SBUS；等等。这就意味着各公司小型机机器上的插卡（如网卡、显示卡、SCSI 卡等）可能也是专用的。此外，小型机使用的操作系统一般是基于 UNIX 的。例如，Sun，Fujitsu 是用 Sun So-laris；HP 是用 HP-UNIX；IBM 是 AIX。所以，小型机是封闭专用的计算机系统，使用小型机的用户一般是看中 UNIX 操作系统的安全性、可靠性和专用服务器的高速运算能力。

现在生产小型机的厂商主要有 IBM，HP，浪潮及曙光等。IBM 典型机器有 RS/6000、AS/400 等。它们的主要特色在于年宕机时间只有几小时，所以又统称为 z 系列（zero，零）。AS/400 主要应用在银行和制造业，还有用于 Domino 服务器，主要技术在于 TIMI（技术独立机器界面）、单级存储，有了 TIMI 技术可以做到硬件与软件相互独立。RS/6000 比较常见，一般用于科学计算和事务处理等。

为了扩大小型计算机的应用领域，出现了采用各种技术研制出超级小型计算机。这些高性能小型计算机的处理能力达到或超过了低档大型计算机的能力。因此，小型计算机和大型计算机的界限也有了一定的交错。

小型计算机提高性能的技术措施主要有以下四个方面：

1.字长增加到 32 位，以便提高运算精度和速度，增强指令功能，扩大寻址范围，提高计算机的处理能力。

2.采用大型计算机中的一些技术，如采用流水线结构、通用寄存器、超高速缓冲存储器、快速总线和通道等来提高系统的运算速度和吞吐率。

3.采用各种大规模集成电路，用快速存储器、门阵列、程序逻辑阵列、大容量存储芯片和各种接口芯片等构成计算机系统，以缩小体积和降低功耗，提高性能和可靠性。

4.研制功能更强的系统软件、工具软件、通信软件、数据库和应用程序包，以及能支持软件核心部分的硬件系统结构、指令系统和固件，软件、硬件结合起来构成用途广泛的高性能系统。

四、工作站

工作站是一种高端的通用微型计算机。它是由计算机和相应的外部设备，以及成套的应用软件包所组成的信息处理系统，能够完成用户交给的特定任务，是推动计算机普及应用的有效方式。它能提供比个人计算机更强大的性能，尤其是图形处理能力和任务并行方面的能力。通常配有高分辨率的大屏、多屏显示器及容量很大的内存储器和外部存储器，并且具有极强的信息和高性能的图形、图像处理功能。另外，连接到服务器的终端机也可称为工作站。工作站的应用领域有科学和工程计算，软件开发、计算机辅助分析、计算机辅助制造、工程设计和应用、图形和图像处理、过程控制和信息管理等。

工作站应具备强大的数据处理能力，有直观的便于人／机交换信息的用户接口，可以与计算机网络相连，在更大的范围内互通信息，共享资源。常见的工作站有计算机辅助设计（CAD）工作站（或称工程工作站）、办公自动化（OA）工作站、图像处理工作站等。

（一）不同任务的工作站有不同的硬件和软件配置

1.一个小型 CAD 工作站的典型硬件配置为

普通计算机，带有功能键的 CRT 终端、光笔、平面绘图仪、数字化仪、打印机等；软件配置为：操作系统、编译程序、相应的数据库和数据库管理系统、二维和三维的绘图软件，以及成套的计算、分析软件包。它可以完成用户提交的各种机械的、电气的设计任务。

2.OA 工作站的主要硬件配置为：普通计算机、办公用终端设备（如电传打字机、交互式终端传真机、激光打印机、智能复印机等）、通信设施（如局部区域网、程控交换机、公用数据网、综合业务数字网等）；软件配置为：操作系统，编译程序、各种服务程序、通信软件、数据库管理系统、电子邮件、文字处理软件、表格处理软件、各种编辑软件，以及专门业务活动的软件包，如人事管理、财务管理、行政事务管理等软件，并配备相应的数据库。OA 工作站的任务是完成各种办公信息的处理。

3.图像处理工作站的主要硬件配置为

顶级计算机，一般还包括超强性能的显卡（由 CU-DA 并行编程的发展所致）、图像数字化设备（包括电子的、光学的或机电的扫描设备，数字化仪）、图像输出设备、交互式图像终端；软件配置为：除了一般的系统软件外，还要有成套的图像处理软件包，它可以完成用户提出的各种图像处理任务。越来越多的计算机厂家在生产和销售各种工作站。

（二）工作站根据软、硬件平台的不同，一般分为基于 RISC（精简指令系统）架构的 UNIX 系统工作站和基于 Windows、Intel 的 PC 工作站

1.UNIX 工作站是一种高性能的专业工作站，具有强大的处理器（以前多采用 RISC 芯片）和优化的内存、I/O（输入 / 输出）、图形子系统，使用专有的处理器（英特尔至强 XEON、AMD 皓龙等）、内存以及图形等硬件系统，Windows 7 旗舰版操作系统和 UNIX 系统，针对特定硬件平台的应用软件互不兼容。

2.PC 工作站则是基于高性能的英特尔至强处理器之上，使用稳定的 Windows 7 32/64 位操作系统，采用符合专业图形标准（OpenGL 4.x 和 DireetX 11）的图形系统，再加上高性能的存储、I/O（输入 / 输出）、网络等子系统，来满足专业软件运行的要求；以 Linux 为架构的工作站采用的是标准开放的系统平台，能最大限度地降低拥有成本，甚至可以免费使用 Linux 系统及基于 Linux 系统的开源软件；以 MacOS 和 Windows 为架构的工作站采用的是标准、闭源的系统平台，具有高度的数据安全性和配置的灵活性，可根据不同的需求来配置工作站的解决方案。

（三）根据体积和便携性，工作站还可分为台式工作站和移动工作站

1. 台式工作站类似于普通台式电脑，体积较大，没有便携性，但性能强劲，适合专业用户使用。

2. 移动工作站其实就是一台高性能的笔记本电脑，但其硬件配置和整体性能又比普通笔记本电脑高一个档次。适用机型是指该工作站配件所适用的具体机型系列或型号。不同的工作站标配不同的硬件，工作站配件的兼容性问题虽然不像服务器那样明显，但从稳定性角度考虑，通常还需使用特定的配件，这主要是由工作站的工作性质决定的。

（四）按照工作站的用途可分为通用工作站和专用工作站

通用工作站没有特定的使用目的，可以在以程序开发为主的多种环境中使用。通常在通用工作站上配置相应的硬件和软件，以适应特殊用途。在客户服务器环境中，通用工作站常作为客户机使用。

专用工作站是为特定用途开发的，由相应的硬件和软件构成，可分为：办公工作站、工程工作站和人工智能工作站等。

1. 办公工作站是为了高效地进行办公业务，如文件和图形的制作、编辑打印处理、检索、维护、电子邮件和日程管理等。

2. 工程工作站是以开发、研究为主要用途而设计的，大多具有高速运算能力和强化了的图形功能，是计算机辅助设计、制造、测试、排版、印刷等领域应用得最多的工作站。

3. 人工智能工作站用于智能应用的研究开发，可以高效地运行 LISP，PROLOG

等人工智能语言。后来，这种专用工作站已被通用工作站所取代。

4. 数字音频工作站一般由三部分构成，即计算机、音频处理接口卡和功能软件。计算机相当于数字音频工作站的"大脑"，既是数字音频工作站的"指挥中心"，也是音频文件的存储、交换中心。音频处理接口卡相当于数字音频工作站的"连接器"，负责通过模拟输入／输出、数字输入／输出、同轴输入／输出、MIDI 接口等连接调音台、录音设备等外围设备。功能软件相当于数字音频工作站的"工具"，用鼠标点击计算机屏幕上的用户界面，就可以通过各种功能软件实现广播节目编辑、录音、制作、传输、存储、复制、管理、播放等工作。数字音频工作站的功能强大与否直接取决于其功能软件。全新的设计，极其人性化的用户界面，强大的浏览功能，多种拖放功能，简单易用的 MIDI 映射功能，与音频系统对应的自动配置功能，较好的音质，无限制的音轨数及每轨无限的插件数，支持各种最新技术规格，便利的起始页面，化繁杂为简单。如 Sudio One Pro 及 Sudio One Artist 等音乐制作工具都体现了下一代功能软件的特性。

需要注意的是，工作站区别于其他计算机，特别是区别于 PC 机，它对显卡、内存、CPU、硬盘都有更高的要求。

（1）显卡

作为图形工作站的主要组成部分，一块性能强劲的 3D 专业显卡的重要性，从某种意义上说甚至超过了处理器。与针对游戏、娱乐市场为主的消费类显卡相比，3D 专业显卡主要面对的是三维动画、渲染、CAD、模型设计（如 Rhino），以及部分科学应用等专业开放式图形库应用市场。对于这部分图形工作站用户来说，他们所使用的硬件无论是速度、稳定性，还是软件的兼容性都很重要。用户的高标准、严要求使得 3D 专业显卡从设计到生产都必须达到极高的水准，再加上用户群的相对有限造成生产数量较少，其总体成本的大幅上升也就不可避免了。与一般的消费类显卡相比，3D 专业显卡的价格要高得多，达到了几倍甚至十几倍的差距。

（2）内存

主流工作站的内存为 ECC 内存和 REG 内存。ECC 主要用在中低端工作站上，并非像常见的 PC 版 DDR3 那样是内存的传输标准，ECC 内存是具有错误校验和纠错功能的内存。ECC 是 Error Checking and Correting 的简称，是通过在原来的数据位上额外增加数据位来实现的。如 8 位数据，则需 1 位用于 Parity（奇偶校验）检验，5 位用于 ECC，这额外的 5 位是用来重建错误数据的。当数据的位数增加 1 倍时，Parity 也增加 1 倍，而 ECC 只需增加 1 位，所以，当数据为 64 位时，所用的 ECC 和 Parity 位数相同（都为 8）。在那些 Parity 只能检测到错误的地方，ECC 可以纠正绝大多数错误。若工作正常时，不会发觉数据曾出过错，只有经过内存的纠错后，计算机的操作指令才可以继续执行。在纠错时系统的性能有着明显降低，不过这种纠错对服务器等应用而言是十分重要的，ECC 内存的价格比普通内存要昂贵许多。而高端的工作站和服务器上用的都是 REG 内存，REG 内存一定是 ECC 内存，而且多加了一个寄存器缓存，数据存取速度大大加快，其价格比 ECC 内存还要贵。

（3）CPU

传统的工作站 CPU 一般为非 Intel 或 AMD 公司生产的 CPU，而是使用 RISC 架构处理器，如 PowerPC 处理器，SPARC 处理器、Alpha 处理器等，相应的操作系统一般为 UNIX 或其他专门的操作系统。全新的英特尔 NEHALEM 架构四核或者六核处理器具有以下几个特点：

1）超大的二级三级缓存，三级缓存六核或四核达到 12 M；

2）内存控制器直接通过 QPI 通道集成在 CPU 上，彻底解决了前端总线带宽瓶颈；

3）英特尔独特的内核加速模式 turbo mode 根据需要开启、关闭内核的运行；

4）第三代超线程 SMT 技术。

（4）硬盘

用于工作站系统的硬盘根据接口不同，主要有 SAS 硬盘、SATA（Serial ATA）硬盘、SCSI 硬盘、固态硬盘。工作站对硬盘的要求介于普通台式机和服务器之间。因此，低端的工作站也可以使用与台式机一样的 SATA 或者 SAS 硬盘，而中高端的工作站会使用 SAS 或固态硬盘。

五、微型计算机

微型计算机简称"微型机"或"微机"，由于其具备人脑的某些功能，所以又为"微电脑"，或"个人计算机"。微型计算机是由大规模集成电路组成的体积较小的电子计算机。它是以微处理器为基础，配以内存储器及输入／输出（I/O）接口电路和相应的辅助电路而构成的裸机。

微型计算机的特点是体积小、灵活性大、价格便宜、使用方便。自 1981 年美国 IBM 公司推出第一代微型计算机 IBM-PC 以来，微型机以其执行结果精确、处理速度快、性价比高、轻便小巧等特点迅速进入社会各个领域，且技术不断更新、产品快速换代，从单纯的计算工具发展成为能够处理数字、符号、文字、语言、图形、图像、音频、视频等多种信息的强大多媒体工具。

如今的微型机产品无论从运算速度、多媒体功能、软硬件支持，还是易用性等方面，都比早期产品有了质的飞跃。

许多公司也争相研制微处理器，推出了 8 位、16 位、32 位、64 位的微处理器。每 18 个月，微处理器的集成度和处理速度就提高 1 倍，价格却下降一半。微型计算机的种类很多，主要分台式机、笔记本电脑和个人数字助理 PDA 三类。

通常，微型计算机可分为以下几类：

1. 工业控制计算机

工业控制计算机是一种采用总线结构，对生产过程及其机电设备、工艺装备进行检测与控制的计算机系统总称，简称"控制机"。它由计算机和过程输入／输出（I/O）两大部分组成。在计算机外部又增加一部分过程输入／输出通道，用来将工业生产过程的检测数据送入计算机进行处理；此外，将计算机要行使对生产过程控制的命令、信息转换成工业控制对象的控制变量信号，再送往工业控制对象的控制器中，由控制器行使对生产设备的运行控制。

2. 个人计算机

（1）台式机

台式机是应用非常广泛的微型计算机，是一种相互分离的计算机，体积相对较大，主机、显示器等设备一般都是相对独立的，需要放置在电脑桌或者专门的工作台上，因此命名为"台式机"。台式机的机箱空间大，通风条件好，具有很好的散热性；独立的机箱方便用户进行硬件升级（如显卡、内存硬盘等）；台式机机箱的开关键、重启键、USB、音频接口都在机箱前置面板中，方便用户使用。

（2）电脑一体机

电脑一体机是由一台显示器、一个键盘和一个鼠标组成的计算机。它的芯片、主板与显示器集成在一起，显示器就是一台计算机。因此，只要将键盘和鼠标连接到显示器上，机器就能使用。随着无线技术的发展，电脑一体机的键盘、鼠标与显示器可实现无线连接，机器只有一根电源线，在很大程度上解决了台式机线缆多而杂的问题。

（3）笔记本式计算机

笔记本式计算机是一种小型、可携带的个人计算机，通常质量为1~3 kg。与台式机架构类似，笔记本式计算机具有更好的便携性。笔记本式计算机除了键盘外，还提供了触控板或触控点，提供了更好的定位和输入功能。

（4）掌上电脑（PDA）

PDA是个人数字助手的意思。主要提供记事、通信录名片交换及行程安排等功能。可以帮助人们在移动中工作学习、娱乐等。按使用来分类，分为工业级PDA和消费品PDA。工业级PDA主要应用在工业领域，常见的有条形码扫描器、RFID读写器、POS机等；消费品PDA包括的比较多，如智能手机、手持的游戏机等。

（5）平板电脑

平板电脑也称平板式计算机，是一种小型、方便携带的个人计算机，以触摸屏作为基本的输入设备。它拥有的触摸屏，允许用户通过手、触控笔或数字笔来进行作业而不是传统的键盘或鼠标。用户可以通过内置的手写识别、屏幕上的软键盘，语音识别或者一个外接键盘（如果该机型配备的话）实现输入。

3. 嵌入式计算机

嵌入式计算机即嵌入式系统，是一种以应用为中心、以微处理器为基础，软硬件可裁剪的，适用于应用系统对功能、可靠性、成本、体积、功耗等综合性严格要求的专用计算机系统。它一般由嵌入式微处理器、外围硬件设备、嵌入式操作系统及用户的应用程序四个部分组成。它是计算机市场中增长最快的，也是种类繁多形态多样的计算机系统。嵌入式系统几乎包括生活中的电器设备，例如，计算器、电视机顶盒、手机、数字电视、多媒体播放器、微波炉数字相机、家庭自动化系统、电梯、空调、安全系统、自动售货机、消费电子设备、工业自动化仪表与医疗仪器等。

六、服务器

服务器是计算机的一种，它比普通计算机运行更快、负载更高、价格更贵。服务器在网络中为其他客户机（如 PC 机智能手机、ATM 等终端甚至是火车系统等大型设备）提供计算或应用服务。服务器具有高速的 CPU 运算能力、长时间的可靠运行、强大的 I/O 外部数据吞吐能力，以及更好的扩展性。根据所提供的服务，服务器都具备响应服务请求、承担服务、保障服务的能力。服务器作为电子设备，其内部结构十分复杂，但与普通的计算机内部结构相差不大，如 CPU 硬盘、内存、系统、系统总线等。

下面从不同角度讨论服务器的分类：

1. 根据体系结构的不同，服务器可以分成两大重要的类别：IA 架构服务器和 RISC 架构服务器

这种分类标准的主要依据是两种服务器采用的处理器体系结构不同。RISC 架构服务器采用的 CPU 是所谓的精简指令集的处理器，精简指令集 CPU 的主要特点是采用定长指令，使用流水线执行指令，这样一个指令的处理可以分成几个阶段，处理器设置不同的处理单元执行指令的不同阶段，比如，指令处理如果分成三个阶段，当第 N 条指令处在第三个处理阶段时，第 N+1 条指令将处在第二个处理阶段，第 N+2 条指令将处在第一个处理阶段。这种指令的流水线处理方式使 CPU 有并行处理指令的能力，以至于处理器能够在单位时间内处理更多的指令。

IA 架构的服务器采用的是 CISC 体系结构（复杂指令集体系结构），这种体系结构的特点是指令较长，指令的功能较强，单个指令可执行的功能较多，这样可以通过增加运算单元，使一个指令所执行的功能可并行执行，以提高运算能力。长时间以来，两种体系结构一直在相互竞争中成长，都取得了快速发展。IA 架构的服务器采用了开放体系结构，因而有了大量的硬件和软件的支持者，在近年有了长足的发展。

2. 根据服务器规模的不同可以将服务器分成工作组服务器、部门服务器和企业服务器

这种分类方法是一种相对比较老的分类方法，主要是根据服务器应用环境的规模来分类，比如，一个 10 台客户机的计算机网络环境适合使用工作组服务器，这种服务器往往采用一个处理器，较小的硬盘容量和不是很强的网络吞吐能力；一个几十台客户机的计算机网络适用部门级服务器，部门级服务器能力相对更强，往往采用两个处理器，有较大的内存和磁盘容量，磁盘 I/O 和网络 I/O 的能力也较强，这样才能有足够的处理能力来受理客户端提出的服务需求；而企业级的服务器往往处于 100 台客户机以上的网络环境，为了承担对大量服务请求的响应，这种服务器往往采用 4 个处

理器、有大量的硬盘和内存，并且能够进一步扩展以满足更高的需求，由于要应付大量的访问，所以这种服务器的网络速度和磁盘速度也应该很高。为达到这一要求，往往要采用多个网卡和多个硬盘并行处理。

不过上述描述是不精确的，还存在很多特殊情况，比如，一个网络的客户机可能很多，但对服务器的访问可能很少，就没有必要要一台功能超强的企业级服务器。由于这些因素的存在，使得这种服务器的分类方法更倾向于定性而不是定量。也就是说，从小组级到部门级再到企业级，服务器的性能是在逐渐加强的，其他各种特性也是在逐渐加强的。

3. 根据服务器功能的不同可以将服务器分成很多类别

文件／打印服务器，这是最早的服务器种类，它可以执行文件存储和打印机资源共享的服务，至今这种服务器还在办公环境里广泛应用；数据库服务器，运行一个数据库系统，用于存储和操纵数据，向联网用户提供数据查询修改服务，这种服务器也是一种广泛应用在商业系统中的服务器：Web 服务器、E-mail 服务器、NEWS 服务器、PROXY 服务器，这些服务器都是 Internet 应用的典型，它们能完成主页的存储和传送、电子邮件服务、新闻组服务等。所有这些服务器都不仅仅是硬件系统，它们常常是通过硬件和软件的结合来实现特定的功能。

可从以下几个方面来衡量服务器是否达到了其设计目的。

（1）可用性

对于一台服务器而言，一个非常重要的方面就是它的"可用性"，即所选服务器能满足长期稳定工作的要求，不能经常出问题。其实就等同于可靠性。

服务器所面对的是整个网络用户，而不是单个用户，在大中型企业中，通常要求服务器是永不中断的。在一些特殊应用领域，即使没有用户使用，有些服务器也要不间断地工作，因为它必须持续地为用户提供连接服务，而无论是在上班还是下班，也无论是工作日还是节假日，这就是要求服务器必须具备极高的稳定性的根本原因。

一般来说，专门的服务器都要 24 小时不间断地工作，特别是像一些大型的网络服务器，如大公司所用服务器、网站服务器，以及提供公众服务 iqde WEB 服务器等更是如此。对于这些服务器来说，也许真正工作开机的次数只有一次，那就是它刚买回全面安装配置好后投入正式使用的那一次。此后，它要不间断地工作，一直到彻底报废。如果动不动就出毛病，则会严重影响公司的正常运行。为了确保服务器具有较高的"可用性"，除了要求各配件质量过关外，还可采取必要的技术和配置措施，如硬件冗余、在线诊断等。

（2）可扩展性

服务器必须具有一定的可扩展性，这是因为企业网络不可能长久不变，特别是在信息时代。如果服务器没有一定的可扩展性，当用户一增多就不能负担的话，一台价值几万甚至几十万元的服务器在短时间内就要遭到淘汰，这是任何企业都无法承受的。为了保持可扩展性，通常需要服务器具备一定的可扩展空间和冗余件（如磁盘阵列架位、PCI 和内存条插槽位等）。可扩展性具体体现在硬盘是否可扩充，CPU 是否可升级或扩展，系统是否支持 Windows NT、Linux 或 UNIX 等多种主流操作系统，只有这样才能保持前期投资为后期充分利用。

（3）易使用性

服务器的功能相对于 PC 来说复杂得多，不仅指其硬件配置，更多的是指其软件系统配置。没有全面的软件支持，服务器要实现如此多的功能是无法想象的。但是，软件系统一多，又可能造成服务器的使用性能下降，管理人员无法有效地操纵。因此，许多服务器厂商在进行服务器的设计时，除了要充分考虑服务器的可用性、稳定性等方面外，还必须在服务器的易使用性方面下足功夫。例如，服务器是不是容易操作、用户导航系统是不是完善、机箱设计是否人性化、有没有一键恢复功能、是否有操作系统备份，以及有没有足够的培训支持等。

（4）易管理性

在服务器的主要特性中还有一个重要特性，那就是服务器的"易管理性"。虽然服务器需要不间断地工作，但再好的产品都有可能出现故障。服务器虽然在稳定性方面有足够的保障，但也应有必要地避免出错的措施，以及时发现问题，而且出了故障也能及时得到维护。这不仅可减少服务器出错的机会，同时还可以大大提高服务器维护的效率。

服务器的易管理性还体现在服务器是否有智能管理系统、自动报警功能、独立的管理系统、液晶监视器等方面。只有这样，管理员才能轻松管理、高效工作。

因为服务器的特殊性，所以对于安全方面需要重点考虑。

①服务器所处运行环境

对于计算机网络服务器来说，运行的环境是非常重要的。其中所指的环境主要包括运行温度和空气湿度两个方面。网络服务器与电力的关系非常紧密，电力是保证其正常运行的能源支撑基础，电力设备对于运行环境的温度和湿度要求通常比较严格，在温度较高的情况下，网络服务器与其电源的整体温度也会不断升高，如果超出温度耐受临界值，设备会受到不同程度的损坏，甚至会引发火灾。如果环境中的湿度过高，网络服务器中会集结大量水汽，很容易引发漏电事故，严重威胁使用人员的人身安全。

②网络服务器安全维护意识

系统在运行期间，如果计算机用户缺乏基本的网络服务器安全维护意识，缺少有效的安全维护措施，对于网络服务器的安全维护不给予充分重视，终究会导致网络服务器出现一系列运行故障。与此同时，如果用户没有选择正确的防火墙软件，系统不断出现漏洞，用户个人信息极易遭泄露。

③服务器系统漏洞问题

计算机网络本身具有开放自由的特性，这种属性既存在技术性优势，在某种程度上也会对计算机系统的安全造成威胁。一旦系统中出现很难修复的程序漏洞，黑客就可能借助漏洞对缓冲区进行信息查找，或攻击计算机系统，这样一来，不但用户信息面临泄露的风险，计算机运行系统也会遭到破坏。

第四节　现代计算机的特点

现代计算机主要具有以下一些特点：

一、运算速度快

计算机内部的运算是由数字逻辑电路组成的，可以高速而准确地完成各种算术运算。当今计算机系统的运算速度已达到每秒万亿次，微机也可达每秒亿次，使大量复杂的科学计算问题得以解决。例如，卫星轨道的计算、大型水坝的计算、24 小时天气预报的计算等，过去人工计算需要几年、几十年，如今，用计算机只需几天甚至几分钟就可以完成。

二、计算精度高

科学技术的发展，特别是尖端科学技术的发展，需要高度精确的计算。计算机的精度主要取决于字长，字长越长，计算机的精度就越高。计算机控制的导弹能准确地击中预定的目标，是与计算机的精确计算分不开的。一般计算机可以有十几位甚至几十位（二进制）有效数字，计算精度可由千分之几到百万分之几，是普通计算工具所望尘莫及的。

三、存储容量大

计算机要获得很强的计算和数据处理能力，除了依赖计算机的运算速度外，还依赖于它的存储容量大小。计算机有一个存储器，可以存储数据和指令，计算机在运算过程中需要的所有原始数据、计算规则、中间结果和最终结果，都存储在这个存储器中。计算机的存储器分为内存和外存两种。现代计算机的内存和外存容量都很大，比如，微型计算机内存容量一般都在 512MB（兆字节）以上，最主要的外存——硬盘的存储容量更是达到了太字节（1TB=1024 GB，1TB=1024×1024 MB）。

四、逻辑运算能力强

计算机在进行数据处理时，除了具有算术运算能力外，还具有逻辑运算能力，可以通过对数据的比较和判断，获得所需的信息。这使得计算机不仅能够解决各种数值计算问题，还能解决各种非数值计算问题，如信息检索、图像识别等。

五、自动化程度高

由于计算机具有存储记忆能力和逻辑判断能力，因此，人们可以将预先编好的程序存入计算机内，在运行程序的控制下，计算机能够连续、自动地工作，不需要人的干预。

六、支持人／机交互

计算机具有多种输入／输出设备，配置适当的软件之后，可支持用户进行人／机交互。当这种交互性与声像技术结合形成多媒体界面时，用户的操作便可变得简洁、方便、丰富多彩。

第五节　计算机的科学应用

一、科学计算领域

从1946年计算机诞生到20世纪60年代，计算机的应用主要是以自然科学为基础，以解决重大科研和工程问题为目标，进行大量复杂的数值运算，以帮助人们从烦琐的人工计算中解脱出来。其主要应用包括天气预报、卫星发射、弹道轨迹计算、核能开发利用等。

二、信息管理领域

信息管理是指利用计算机对大量数据进行采集、分类加工、存储检索和统计等。从20世纪60年代中期开始，计算机在数据处理方面的应用得到了迅猛发展。其主要应用包括企业管理、物资管理、财务管理、人事管理等。

三、自动控制领域

自动控制是指由计算机控制各种自动装置、自动仪表、自动加工设备的工作过程。根据应用又可分为实时控制和过程控制。其主要应用包括工业生产过程中的自动化控制、卫星飞行方向控制等。

四、计算机辅助系统领域

常用的计算机辅助系统介绍如下：

1.CAD，即计算机辅助设计。广泛用于电路设计、机械零部件设计、建筑工程设计和服装设计等。

2.CAM，即计算机辅助制造。广泛用于利用计算机技术通过专门的数字控制机床和其他数字设备，自动完成产品的加工、装配检测和包装等制造过程。

3.CAI，即计算机辅助教学。广泛用于利用计算机技术，包括多媒体技术或其他设备辅助教学过程。

4.其他计算机辅助系统，如 CAT 计算机辅助测试、CASE 计算机辅助软件工程等。

五、人工智能领域

人工智能是利用计算机模拟人类的某些智能行为，比如，感知、学习、理解等。其研究领域包括模式识别、自然语言处理、模糊处理、神经网络、机器人等。

六、电子商务领域

电子商务是指通过使用互联网等电子工具（这些工具包括电报、电话、广播、电视、传真、计算机、计算机网络、移动通信等）在全球范围内进行的商务贸易活动。人们不再面对面地看着实物，靠纸等单据或者现金进行买卖交易，而是通过网络浏览商品、完善的物流配送系统和方便安全的网络在线支付系统进行交易。

第六节　计算思维概述

思维是人类所具有的高级认识活动。按照信息论的观点，思维是对新输入信息与脑内储存知识经验进行一系列复杂的心智操作过程。

从人类认识世界和改造世界的思维方式出发，科学思维可分为理论思维、实验思维和计算思维三种。

第一，理论思维：以推理和演绎为特征的推理思维（以数学学科为代表）；

第二，实验思维：以观察和总结自然规律为特征的实证思维（以物理学科为代表）；

第三，计算思维：以设计和构造为特征的计算思维（以计算机学科为代表）。

计算机的出现为人类认识和改造世界提供了一种更有效的手段，而以计算机技术和计算机科学为基础的计算思维必将深刻地影响人类的思维方式。

2006 年 3 月，美国卡内基·梅隆大学计算机科学系主任周以真教授在美国计算机权威期刊"CACM"上给出并定义了计算思维。周以真认为，计算思维是运用计算机科学的基础概念进行问题求解、系统设计，以及人类行为理解等涵盖计算机科学之广度的一系列思维活动。2010年，周以真又指出计算思维是与形式化问题及其解决方案相关的思维过程，其解决问题的表示形式应该能有效地被信息处理代理执行。

一、利用计算思维解决问题的一般过程

国际教育技术协会和计算机科学教师协会于2011年给计算思维下了一个可操作性的定义，即计算思维是一个问题解决的过程，该过程包括以下特点：

1. 提出问题，并能够利用计算机和其他工具来帮助解决该问题。
2. 要符合逻辑地组织和分析数据。
3. 通过抽象（如模型、仿真等），再现数据。
4. 通过算法思想（一系列有序的步骤），支持自动化的解决方案。
5. 分析可能的解决方案，找到最有效的方案，并且有效地结合这些步骤和资源。
6. 将该问题的求解过程进行推广，并移植到更广泛的问题中。

其中，抽象和自动化是计算思维的两大核心特征。抽象是方法、是手段，贯穿整个过程的每个环节。自动化是最终目标，让机器去做计算的工作，将人脑解放出来，中间目标是实现问题的可计算化，体现在成果上就是数学模型、映射算法。

二、计算思维的优点

计算思维汲取了问题解决所采用的一般数学思维方法，现实世界中巨大复杂系统的设计与评估的一般工程思维方法，以及复杂性、智能、心理、人类行为的理解等一般科学思维方法。计算思维建立在计算过程的能力和限制之上，由人与机器执行。计算方法和模型使人们能够去处理那些原本无法由个人独立完成的问题求解和系统设计。

计算思维中的抽象完全超越了物理的时空观，并完全用符号来表示。其中，数学抽象只是一类特例。与数学和物理科学相比，计算思维中的抽象显得更为丰富，也更为复杂。数学抽象的最大特点是抛开现实事物的物理化学和生物学等特性，仅保留其量的关系和空间的形式，而计算思维中的抽象却不仅仅如此。

三、计算思维的特性

1. 概念化，不是程序化

计算机科学不是计算机编程。像计算机科学家那样去思维意味着远不止能为计算机编程，还要求能够在抽象的多个层次上思维。

2. 是根本的，不是刻板的技能

根本技能是每一个人为了在现代社会中发挥职能所必须掌握的技能。刻板技能意味着机械重复。具有讽刺意味的是，当计算机像人类一样思考之后，思维就真的变成机械的了。

3. 是人的，不是计算机的思维方式

计算思维是人类求解问题的一条途径，但绝非要使人类像计算机那样思考。计算机枯燥且沉闷，人类聪颖且富有想象力。人类赋予计算机激情，配置了计算设备，就能用自己的智慧去解决那些在计算时代之前不敢尝试的问题，达到"只有想不到，没有做不到"的境界。

4. 数学和工程思维的互补与融合

计算机科学在本质上源自数学思维，因为像所有的科学一样，其形式化基础建筑于数学之上。计算机科学又从本质上源自工程思维，因为人们建造的是能够与现实世界互动的系统，基本计算设备的限制迫使计算机学家必须计算性地思考，不能只是数学性地思考。构建虚拟世界的自由使人们能够设计超越物理世界的各种系统。

5. 是思想，不是人造物

计算机科学不只是人们生产的软件、硬件等人造物以物理形式到处呈现并时刻触及人们的生活，更重要的是，还有用以接近和求解问题、管理日常生活、与他人交流和互动的计算概念，而且面向所有的人和所有的地方。当计算思维真正融入人类活动的整体，以致不再表现为一种显式哲学时，它就将成为一种现实。

计算思维教育不需要人人成为程序员、工程师，而是拥有一种适配未来的思维模式。计算思维是人类在未来社会求解问题的重要手段，而不是让人像计算机一样机械运转。计算思维提出的初衷有三条：

（1）计算思维关注于教育。这种教育并非出于培养计算机科学家或工程师，而是为了启迪每个人的思维。

（2）计算思维应该教会人们该如何清晰地思考这个由数字计算创造的世界。

（3）计算思维是人的思维而不是机器的思维，是关于人类如何构思和使用数字技术，而不是数字技术本身。

计算思维代表着一种普遍的态度和技能，不仅属于计算机专业人员，更是每个人都应该学习和应用的思维。

第二章　计算机控制系统中的控制策略与实现

计算机控制系统中的控制策略是基于控制理论、被控对象数学模型以及操作人员的先验知识进行设计的，并用计算机软件实现的数字控制器或控制算法。本章选取几种在计算机控制系统中应用最为广泛和典型的控制策略进行介绍，主要包括数字 PID 及其改进算法和模型预测控制，并简介了自适应控制、模糊控制、专家控制和神经控制等先进控制策略，最后介绍了控制策略的工程实现。

第一节　数据处理方法

现场的温度、压力、流量、液位和成分等经传感器转换，经常以标准电流信号变送到控制室，由计算机控制系统的过程输入通道采集到计算机，还需由计算机将过程数据变换为实际的物理量进行处理和显示。这些检测到的数据与实际物理量可能呈非线性关系，需要对其进行线性化处理。

一般来说，可先离线计算出温度与铂热电阻阻值的对应关系表（分度表），然后分段进行拟合，确定计算公式，可根据处理器的计算能力，拟合为线性公式或不同形式的非线性公式。

热电偶的热电动势与温度的关系也是非线性关系，可以采用与热电阻类似的方法进行处理。

一、列表法

列表法是将实验获得的数据用表格的形式进行排列的数据处理方法。列表法的作用有两种：一是记录实验数据；二是显示出物理量间的对应关系。其优点是能对大量的杂乱无章的数据进行归纳整理，使之既有条不紊，又简明醒目；既有助于表现物理量之间的关系，又便于及时地检查和发现实验数据是否合理，减少或避免测量错误；同时，也为作图法等处理数据奠定了基础。

用列表的方法记录和处理数据是一种良好的科学工作习惯，要设计出一个栏目清楚、行列分明的表格，也需要在实验中不断训练，逐步掌握、熟练，并形成习惯。一般来讲，在用列表法处理数据时，应遵从如下原则：

1.栏目条理清楚、简单明了，便于显示有关物理量的关系。

2.在栏目中，应给出有关物理量的符号，并标明单位（一般不重复写在每个数据的后面）。

3.填入表中的数字应是有效数字。

4.必要时需要加以注释说明。

二、图示法

图示法就是用图像来表示物理规律的一种实验数据处理方法。一般来讲，一个物理规律可以用三种方式来表述：文字表述、解析函数关系表述、图像表示。图示法处理实验数据的优点是能够直观、形象地显示各个物理量之间的数量关系，便于比较分析。一条图线上可以有无数组数据，可以方便地进行内插和外推，特别是对那些尚未找到解析函数表达式的实验结果，可以依据图示法所画出的图线寻找到相应的经验公式。因此，图示法是处理实验数据的一个好方法。

要想制作一幅完整而正确的图像，必须遵循如下原则及步骤：

1.选择合适的坐标纸

作图一定要用坐标纸，常用的坐标纸有直角坐标纸、双对数坐标纸、单对数坐标纸、极坐标纸等。选用的原则是尽量让所作图线呈直线，有时还可采用变量代换的方法将图线作成直线。

2.确定坐标的分度和标记

一般用横轴表示自变量，纵轴表示因变量，并标明各坐标轴所代表的物理量及其单位（可用相应的符号表示）。坐标轴的分度要根据实验数据的有效数字及对结果的要求来确定。原则上，数据中的可靠数字在图中也应是可靠的，即不能因作图而引进额外的误差。在坐标轴上应每隔一定间距均匀地标出分度值，标记所用有效数字的位数应与原始数据的有效数字的位数相同，单位应与坐标轴单位一致。要恰当选取坐标轴比例和分度值，使图线充分占有图纸空间，不要缩在一边或一角。除特殊需要外，分度值起点可以不从零开始，横、纵坐标可采用不同比例。

3.描点

根据测量获得的数据，用一定的符号在坐标纸上描出坐标点。一张图纸上画几条实验曲线时，每条曲线应用不同的标记，以免混淆。

4.连线

要绘制一条与标出的实验点基本相符的图线，图线应尽可能多地通过实验点，由于测量误差，某些实验点可能不在图线上，应尽量使其均匀地分布在图线的两侧。图线应是直线或光滑的曲线或折线。

5.注解和说明

应在图纸上标出图的名称，有关符号的意义和特定实验条件。

三、图解法

图解法是在图示法的基础上，利用已经做好的图线，定量求出待测量或某些参数或经验公式的方法。

由于直线不仅绘制方便，而且所确定的函数关系也简单等特点，因此，对非线性关系的情况，应在初步分析、把握其关系特征的基础上，通过变量变换的方法将原来的非线性关系化为新变量的线性关系，即将"曲线化直"。然后再使用图解法。

第二节 数字 PID 控制算法

按偏差的比例（P）、积分（I）和微分（D）进行控制的 PID 控制具有原理简单、易于实现等优点，多年来一直是应用最广泛的一种控制器。在计算机用于工业过程控制之前，模拟 PID 调节器在过程控制中占有垄断地位。在计算机用于过程控制之后，虽然出现了许多先进控制策略，但采用 PID 控制的回路仍占多数。

数字 PID 控制算法并非只是简单地重现模拟 PID 控制器的功能，而是在算法中结合计算机控制的特点，根据各种具体情况，增加了许多功能模块，使传统的 PID 控制更加灵活多样，可以更好地满足生产过程的需要。

一、数字 PID 控制算法的改进

在计算机控制系统中数字 PID 算法是由软件实现的，因此，可以非常方便地根据不同控制对象的情况及控制品质的要求进行改进。本节主要讨论实际微分 PID 的实现，如何改进积分和微分作用，以及调整 PID 控制算法。

（一）实际微分 PID 控制

标准 PID 算法（模拟式和数字式）中的微分作用是理想的，故它们被称为理想微分 PID 算法。在模拟 PID 调节器中，PID 运算是靠硬件实现的，由于反馈电路本身特性的限制，实际上实现的是带一阶惯性环节的微分作用。采用计算机控制虽可方便地实现理想微分的差分形式，但实践表明理想微分 PID 数字控制器的控制品质有时不够理想。究其原因，是在理想微分 PID 中，微分作用仅在第一个控制周期有一个大幅度的输出。一般的工业用执行机构无法在较短的控制周期内跟踪较大的微分作用输出。而且，理想微分还容易引进高频干扰。而实际微分 PID 中，微分作用能持续多个控制周期，使得一般的工业用执行机构能比较好地跟踪微分作用输出。而且，由于实际微分 PID 中含有一阶惯性环节，具有滤波作用，因此，抗干扰能力也较强。

实际上，在计算机控制系统中实现实际微分 PID，只需要在理想微分 PID 之后，增加一个数字滤波器的一阶滞后滤波即可。

（二）积分项的改进

在 PID 控制中，积分作用是消除残差，为了提高控制性能，对积分项可采取以下改进措施：

1. 积分分离

在一般的 PID 控制中，当有较大的扰动或大幅度改变给定值时，由于此时有较大的偏差，以及系统有惯性和滞后，故在积分项的作用下，往往会产生较大的超调和长时间的波动。特别对于温度、成分等变化缓慢的过程，这一现象更为严重。

2. 抗积分饱和

为了提高运算精度，PID 计算通常采用双字节或浮点数。由于长时间存在偏差或偏差较大，计算出的控制量有可能溢出 D/A 所能表示的数值范围或超出执行机构的极限位置，对于这种情况，尽管计算 PID 差分方程式所得的结果继续增大或减小，而执行机构已无相应的动作，这就称为积分饱和。当出现积分饱和时，势必使超调量增加，控制品质变坏。防止积分饱和的办法之一是对运算出的控制量限幅；同时，把积分作用切除掉。

二、数字 PID 控制参数的整定

数字 PID 控制系统需要通过参数整定才能正常运行。与模拟 PID 控制不同的是除了整定比例增益 K、积分时间 TI、微分时间 T 和微分增益 K 外，还要确定系统的控制周期 T。

1. 控制周期的选取

控制周期的选取受到多方面因素的限制，需综合考虑确定。选取控制周期时，一般应考虑下列几个因素：

（1）控制周期应远小于被控对象的扰动信号的周期。

（2）控制周期应比被控对象的时间常数小得多，否则无法反映瞬变过程。

（3）考虑执行器的响应速度。如果执行器的响应速度比较慢，那么过短的控制周期将失去意义。

（4）考虑对象所要求的调节品质。在计算机运算速度允许的情况下，控制周期短、调节品质好。

（5）考虑性能价格比。从控制性能来考虑，希望控制周期短。但计算机运算速度，以及 A/D 和 D/A 的转换速度要相应地提高，导致计算机的费用增加。

（6）考虑计算机所承担的工作量。如果控制的回路数多、计算量大，则控制周期要加长；反之，则缩短。

2.PID 控制参数的工程整定法

随着计算机技术的发展，一般可以选较短的控制周期 T，它相对于被控对象的时间常数 T 来说也就会更短。所以，数字 PID 控制参数的整定，一般首先按模拟 PID 控制参数整定的方式来选择，然后再适当调整，并考虑控制周期 T 对整定参数的影响。

由于模拟 PID 控制器应用历史悠久，已研究出多种参数整定方法，很多资料上都有详细论述，这里只做简要说明。

（1）衰减曲线法

首先选用纯比例控制，给定值做阶跃扰动，从较小的比例增益开始，逐步增大，直到被控量出现 4：1 衰减过程为止，然后按照经验公式计算 PID 参数。

（2）稳定边界法

首先选用纯比例控制，给定值做阶跃扰动，从较小的比例增益开始，逐步增大，直到被控量临界振荡为止，然后按照经验公式计算 PID 参数。

（3）动态特性法

上述两种方法直接在闭环系统上进行参数整定。而动态特性法却是在系统处于开环情况下进行参数整定。根据被控对象的阶跃响应曲线，按照经验公式计算 PID 参数。上述 PID 控制参数的工程整定法基本上属于试验加试凑的人工整定法，这类整定工作不仅费时费事，而且往往需要熟练的技巧和工程经验。同时，被控对象特性发生变化时，也需要 PID 控制器的参数实时做相应调整，以免影响控制品质。因此，PID 控制参数的自整定法成为过程控制的热门研究课题。所谓参数自整定，就是在被控对象特性发生变化后，立即使 PID 控制参数随之做相应的调整，使 PID 控制器具有一定的"自调整"或"自适应"能力。众多专家为此做了许多研究工作，提出了多种自整定参数法，本节简单介绍模型参数法、特征参数法和专家整定法。

1）模型参数法

模型参数法是基于被控对象模型参数的自适应 PID 控制器，也就是在线辨识被控对象的模型参数，再用这些模型参数来自动调整 PID 控制器的参数。

基于被控对象模型参数的自适应 PID 控制算法的首要工作是在线辨识被控对象的模型参数，这就需要占用计算机较多的软硬件资源，在工业应用中有时会受到一定的制约。

2）特征参数法

所谓特征参数法，就是抽取被控对象的某些特征参数，以其为依据自动整定 PID 控制参数。基于被控对象特征参数的 PID 控制参数自整定法的首要工作是在线辨识被控对象的某些特征参数，诸如，临界增益和临界周期。这种在线辨识特征参数占用计算机软硬件资源较少，在工业中应用比较方便。典型的有齐格勒—尼柯尔斯研究出的临界振荡法，在此基础上 K.J.Astrom 又进行了改进，采用具有滞环的继电器非线性反馈控制系统。

3）专家整定法

人工智能和自动控制相结合，形成了智能控制；专家系统和自动控制相结合，形成了专家控制。用人工智能中的模式识别和专家系统中的推理判断等方法来整定 PID 控制参数，已取得工业应用成果。所谓专家整定法，就是模仿人工整定参数的推理决策过程，自动整定 PID 控制参数。首先将人工整定的经验和技巧归纳为一系列整定规则，再对实时采集的被控系统信息进行分析判断，然后自动选择某个整定规则，并将被控对象的响应曲线与控制目标曲线比较，反复调整，直到满足控制目标为止。

第三节　基于数字 PID 控制的复杂控制系统

简单控制系统指单输入单输出的单回路控制系统，是一种最基本、使用最广泛的控制系统。在实际计算机控制系统中，有些被控对象特性比较复杂，被控量不止一个，生产工艺对控制品质的要求比较高；有些被控对象特性并不复杂，但控制要求却比较特殊，对于这些情况单回路控制系统就无能为力了。为此，需要在单回路 PID 控制的基础上，采取一些措施组成复杂控制系统。在复杂控制系统中可能有几个过程测量值、几个 PID 控制器，以及不止一个执行机构；或者尽管主控制回路中被控量、PID 控制器和执行机构各有一个，但还有其他的过程测量值、运算器或补偿器构成辅助控制回路，这样主辅控制回路协同完成复杂控制功能。复杂控制系统中有几个闭环回路，因而也称多回路控制系统。

常用的复杂控制系统有串级、前馈、比值、选择性、分程、纯迟延补偿和解耦控制系统等，下面将分别进行叙述。

一、串级控制系统

有时为了提高控制品质，必须同时调节相互有联系的两个过程参数，用这两个被控参数构成串级控制系统，即由两个 PID 控制器串联而成。其中，PID 为主控制器、PID2 为副控制器，并有相应的主被控量 PV 和副被控量 PV2。主控制量 u 作为 PID2 副控制器的给定值 SV2，副控制量 u2 作用于执行机构，实施控制功能。

在串级控制系统中有内、外两个闭环回路。其中，由副控制器 PID2 和副对象形成的内闭环称为副环或副回路；由主控制器 PID 和主对象形成的外闭环称为主环或主回路。由于主、副控制器串联，副回路串在主回路之中，故称为串级控制系统。

串级控制系统的计算顺序是先主回路后副回路，控制方式有两种。一种是异步控制方式，即主回路的控制周期是副回路控制周期的整数倍。这是因为串级控制系统中主被控对象的响应速度慢、副被控对象的响应速度快。另一种是同步控制方式，即主、副回路的控制周期相同，但应以副回路控制周期为准，因为副回路被控对象的响应速度较快。

二、前馈控制系统

上述单回路和串级控制是基于反馈控制，只有被控量与给定值之间形成偏差后才会有控制作用。这样的控制无疑带有一定的被动性，特别是对于频繁出现的大扰动，控制品质往往不能令人满意。为此，对于可测量的扰动量可以直接通过前馈补偿器作用于被控对象，以便消除扰动对被控量的影响。

第四节　模型预测控制

20 世纪 50 年代末 60 年代初，以状态空间方法为基础的现代控制理论对控制理论的发展起到了积极的推动作用。状态反馈、自适应控制等一系列多变量控制系统设计方法被提出，对于状态不能直接测量的问题，也有观测器和估计器等工具解决。然而现代控制理论真正应用于工业生产过程中，却遇到了前所未有的困难。因为实际工业过程往往很难建立精确的数学模型，即使一些对象能够建立起数学模型，其结构也往往十分复杂，难以设计，也难以实现有效控制。自适应、自校正控制技术，虽然能在一定程度上解决不确定性问题，但其本质仍需要在线辨识对象模型技术，所以算法复杂、计算量大，且它对过程的未建模动态和扰动的适应能力差，故应用范围受到限制。因此在实际工业过程中，应用现代控制理论设计的控制器的控制效果往往还不如 PID 调节器好。这就产生了理论和应用的不协调现象，但是也孕育了新的突破。模型算法控制和动态矩阵控制被提出并在工业过程中得到成功应用之后，沉闷的局面被打破。通过模型识别、优化算法、控制结构分析、参数整定等一系列的工作，基于模型控制的理论体系基本形成，并成为现代控制应用最成功的先进控制策略。

一、模型算法控制

模型算法控制主要包括内部模型、反馈校正、滚动优化和参考输入轨迹等。它采用基于脉冲响应的非参数模型作为内部模型，用过去和未来的输入 / 输出信息，根据内部模型预测系统未来的输出状态，经过用模型输出误差进行反馈校正以后，再与参考输入轨迹进行比较，应用二次型性能指标进行滚动优化，然后再计算当前时刻应加于系统的控制动作，完成整个控制循环。这种算法的基本思想是先预测系统未来的输出状态，再确定当前时刻的控制动作，即先预测后控制，所以其具有预见性。它明显优于先有信息反馈，再产生控制动作的经典反馈控制系统。

二、预测控制系统的参数选择

预测控制算法的参数包括预测时域长度 P、控制时域长度 M、预测误差加权阵 Q 和控制量加权阵 λ 等。Q、A、P 和 M 等参数都隐含在控制参数 di 中，不易直接考察它们的取值对控制性能的影响，只能通过试凑合仿真研究来初步选定。所有这些都给缺乏经验的设计者在设计预测控制系统时带来困难。本节以单输入单输出的模型算法控制为例，给出预测时域长度 P、控制时域长度 M、误差加权矩阵 Q、控制加权矩阵 λ 及采样周期 T 等几个主要参数的选择原则和计算方法，供设计时参考。

预测时域长度 P 与误差矩阵 Q 联系在一起，构成优化性能指标式中的第一项。为了使滚动优化真正有意义，应该使预测时域长度 P（优化范围）包含对象的真实动态部分，也就是说应把对当前控制影响较大的所有响应都包括在内。对有时延或非最小相位系统，P 必须选超过对象脉冲响应（或阶跃响应）的时延部分，或非最小相位特性引起的反向部分，并覆盖对象的重要动态响应。

预测时域长度 P 的大小，对于控制的稳定性和快速性有较大影响，下面分两种极端情况来讨论。一是 P 取得足够小，如 P=1，则多步预测优化问题退化为在一步内通过计算控制量，以达到输出跟踪参考输入的目标。如果模型准确，则它可使对象输出在各采样点跟踪输出期望值，即实现一步最小拍控制。但对模型失配及有干扰情况和对有时延及非最小相位系统，则上述一步跟踪目标无法实现，且有可能导致系统失稳。另一种极端情况是保持有限的控制时域长度 M，而把 P 取得充分大。当 P 增加很大后，优化性能指标中稍后时刻的输出预测值几乎只取决于 M 控制增量的稳态响应。其虽为动态优化，但实际上接近稳态优化。此时系统的动态响应将接近于对象的固有特性，这对改善系统的动态响应不会产生较大影响。此外，大的 P 还会使控制矩阵的阶次显著增高，增加计算时间。

总结上述两种极端情况，前者虽然反应快速，但稳定性较差；后者虽然稳定性好，但动态响应慢，且增加了计算时间，降低了系统的实时性。实际上，这两种 P 的取法都是不可取的。

第三章　信息安全与计算机新技术

计算机技术正在日新月异地迅猛发展，特别是 Internet 在世界范围的普及，把人类推向一个崭新的信息时代。然而人们在欣喜地享用这些高科技新成果的同时，却不得不对另一类普遍存在的社会问题产生深深的顾虑和不安，这就是计算机的安全技术问题。本章将简单介绍信息系统安全相关知识及计算机新技术。

第一节　计算机系统安全概述

对计算机系统的威胁和攻击主要有两种：一种是对计算机系统实体的威胁和攻击；另一种是对信息的威胁和攻击。计算机犯罪和计算机病毒则包含了对实体和信息两方面的威胁和攻击。因此，为了保证计算机系统的安全性，必须系统、深入地研究计算机的安全技术与方法。

一、计算机系统面临的威胁和攻击

计算机系统面临的威胁和攻击，大体上可以分为两种：一种是对实体的威胁和攻击；另一种是对信息的威胁和攻击。计算机犯罪和计算机病毒则包括对计算机系统实体和信息两方面的威胁和攻击。

1. 对实体的威胁和攻击

对实体的威胁和攻击主要指对计算机及其外部设备和网络的威胁和攻击，例如，各种自然灾害、人为破坏、设备故障、电磁干扰、战争破坏，以及各种媒体的被盗和丢失等。对实体的威胁和攻击，不仅会造成国家财产的重大损失，而且会使系统的机密信息严重破坏和泄露。因此，对系统实体的保护是防止对信息威胁和攻击的首要一步，也是防止对信息威胁和攻击的天然屏障。

2. 对信息的威胁和攻击

对信息的威胁和攻击主要有两种，即信息泄露和信息破坏。信息泄露是指偶然地或故意地获得（侦收、截获、窃取或分析破译）目标系统中信息，特别是敏感信息，造成泄露事件。信息破坏是指由于偶然事故或人为破坏，使信息的正确性、完整性和可用性受到破坏，比如，系统的信息被修改、删除、添加、伪造或非法复制，造成大量信息的破坏、修改或丢失。

对信息进行人为的故意破坏或窃取称为攻击。根据攻击的方法不同，可分为被动攻击和主动攻击两类。

（1）被动攻击

被动攻击是指一切窃密的攻击。它是在不干扰系统正常工作的情况下进行侦收、截获、窃取系统信息，以便破译分析；利用观察信息、控制信息的内容来获得目标系统的位置、身份；利用研究机密信息的长度和传递的频度获得信息的性质。被动攻击不容易被用户察觉出来，因此它的攻击持续性和危害性都很大。被动攻击的主要方法有直接侦收、截获信息、合法窃取、破译分析及从遗弃的媒体中分析获取信息。

（2）主动攻击

主动攻击是指篡改信息的攻击。它不仅能窃密，而且威胁到信息的完整性和可靠性。它是以各种各样的方式，有选择地修改、删除、添加、伪造和重排信息内容，造成信息破坏。主动攻击的主要方式有窃取并干扰通信线中的信息、返回渗透、线间插入、非法冒充及系统人员的窃密和毁坏系统信息的活动等。

3. 计算机犯罪

计算机犯罪是利用暴力和非暴力形式，故意泄露或破坏系统中的机密信息，以及危害系统实体和信息安全的不法行为。暴力形式是对计算机设备和设施进行物理破坏，比如，使用武器摧毁计算机设备、炸毁计算机中心建筑等。而非暴力形式是利用计算机技术知识及其他技术进行犯罪活动，它通常采用下列技术手段:线路窃收、信息捕获、数据欺骗、异步攻击、漏洞利用和伪造证件等。

目前，全世界每年被计算机罪犯盗走的资金达 200 多亿美元，许多发达国家每年损失几十亿美元，计算机犯罪损失常常是常规犯罪的几十至几百倍。Internet 上的黑客攻击从 1986 年首例发现以来，以几何级数的速度增长。计算机犯罪具有以下明显特征：采用先进技术、作案时间短、作案容易且不留痕迹、犯罪区域广、内部工作人员和青少年犯罪日趋严重等。

二、计算机系统安全的概念

计算机系统安全是指采取有效措施保证计算机、计算机网络及其中存储和传输信息的安全，防止由于偶然或恶意的原因使计算机软硬件资源或网络系统遭到破坏及数据遭到泄露、丢失和篡改。

保证计算机系统的安全，不仅涉及安全技术问题，还涉及法律和管理问题，可从以下三个方面保证计算机系统的安全：法律安全、管理安全和技术安全。

1. 法律安全

法律是规范人们一般社会行为的准则。它在形式上有宪法、法律、法规、法令、条令、条例和实施办法、实施细则等多种形式。有关计算机系统的法律、法规和条例在内容上大体可以分成两类，即社会规范和技术规范。

社会规范是调整信息活动中人与人之间关系的行为准则。要结合专门的保护要求来定义合法的信息实践，并保护合法的信息实践活动，不正当的信息活动要受到民法和刑法的限制或惩处。它发布阻止任何违反规定要求的法令或禁令，明确系统人员和最终用户的权利和义务，包括宪法、保密法、数据保护法、计算机安全保护条例、计算机犯罪法等。

技术规范是调整人和物、人和自然界之间关系的准则。其内容十分广泛，包括各种技术标准和规程，例如，计算机安全标准、网络安全标准、操作系统安全标准、数据和信息安全标准、电磁泄漏安全极限标准等。这些法律和技术标准是保证计算机系统安全的依据和主要的社会保障。

2. 管理安全

管理安全是指通过增强相关人员安全意识和制定严格的管理工作措施来保证计算机系统的安全，主要包括软硬件产品的采购、机房的安全保卫工作、系统运行的审计与跟踪、数据的备份与恢复、用户权限的分配、账号密码的设定与更改等方面。

许多计算机系统安全事故都是由于管理工作措施不到位及相关人员疏忽造成的，例如，自己的账号和密码不注意保密导致被他人利用，随便使用来历不明的软件造成计算机感染病毒，重要数据不及时备份导致破坏后无法恢复等。

3. 技术安全

计算机系统安全技术涉及的内容很多，尤其是在网络技术高速发展的今天。从使用出发，大体包括以下几个方面：

（1）实体硬件安全

计算机实体硬件安全主要是指为保证计算机设备和通信线路及设施、建筑物的安全，预防地震、水灾、火灾、飓风和雷击，满足设备正常运行环境的要求。其中，还包括电源供电系统及为保证机房的温度、湿度、清洁度、电磁屏蔽要求而采取的各种方法和措施。

（2）软件系统安全

软件系统安全主要是针对所有计算机程序和文档资料，保证它们免遭破坏、非法复制和非法使用而采取的技术与方法，包括操作系统平台、数据库系统、网络操作系统和所有应用软件的安全；还包括口令控制、鉴别技术、软件加密、压缩技术、软件防复制及防跟踪技术。

（3）数据信息安全

数据信息安全主要是指为保证计算机系统的数据库、数据文件和所有数据信息免遭破坏、修改、泄露和窃取，为防止威胁和攻击而采取的一切技术、方法和措施。其中，包括对各种用户的身份识别技术、口令或指纹验证技术、存取控制技术和数据加密技术及建立备份和系统恢复技术等。

（4）网络站点安全

网络站点安全是指为了保证计算机系统中的网络通信和所有站点的安全而采取的各种技术措施，除了主要包括防火墙技术外，还包括报文鉴别技术、数字签名技术、访问控制技术、加压加密技术、密钥管理技术、保证线路安全或传输安全而采取的安全传输介质、网络跟踪、检测技术、路由控制隔离技术以及流量控制分析技术等。

（5）运行服务安全

计算机系统运行服务安全主要是指安全运行的管理技术，它包括系统的使用与维护技术、随机故障维护技术、软件可靠性和可维护性保证技术、操作系统故障分析处理技术、机房环境检测维护技术、系统设备运行状态实测和分析记录等技术。以上技术的实施目的在于及时发现运行中的异常情况，及时报警，提示用户采取措施或进行随机故障维修和软件故障的测试与维修，或进行安全控制和审计。

（6）病毒防治技术

计算机病毒对计算机系统安全构成的威胁已成为一个重要的问题。要保证计算机系统的安全运行，除了运行服务安全技术措施外，还要专门设置计算机病毒检测、诊断、杀除设施，并采取系统的预防方法防止病毒再入侵。计算机病毒的防治涉及计算机硬件实体、计算机软件、数据信息的压缩和加密解密技术。

（7）防火墙技术

防火墙是介于内部网络或 Web 站点与 Internet 之间的路由器或计算机，目的是提供安全保护，控制谁可以访问内部受保护的环境、谁可以从内部网络访问 Internet。Internet 的一切业务，从电子邮件到远程终端访问，都要受到防火墙的鉴别和控制。

第二节　计算机病毒

在网络发达的今天，计算机病毒已经有了无孔不入、无处不在的趋势了。无论是上网，还是使用移动硬盘、U 盘都有可能使计算机感染病毒。计算机感染病毒后，就会出现计算机系统运行速度减慢、计算机系统无故发生死机、文件丢失或损坏等现象，给学习和工作带来许多不便。为了有效地、最大限度地防治病毒，学习计算机病毒的基本原理和相关知识是十分必要的。

一、计算机病毒的概念

计算机病毒在《中华人民共和国计算机信息系统安全保护条例》中被明确定义，是指"编制者在计算机程序中插入的破坏计算机功能或者破坏数据，影响计算机使用并且能够自我复制的一组计算机指令或者程序代码"。

计算机病毒其实就是一种程序，之所以把这种程序形象地称为计算机病毒，是因为其与生物医学上的"病毒"有类似的活动方式，同样具有传染和损失的特性。

现在流行的病毒是人为编写的，多数病毒可以找到编写者和产地信息，从大量的统计分析来看，病毒编写者的主要目的是：一些天才的程序员为了表现自己和证明自己的能力，出于对上司的不满，为了好奇，为了报复，为了祝贺和求爱，为了得到控制口令，为了软件拿不到报酬预留的陷阱等，当然也有因政治、军事、宗教、民族、专利等方面的需求而专门编写的，其中，也包括一些病毒研究机构和黑客的测试病毒。

计算机病毒一般不是独立存在的，而是依附在文件上或寄生在存储媒体中，能对计算机系统进行各种破坏；同时有独特的复制能力，能够自我复制；具有传染性，可以很快地传播蔓延，当文件被复制或在网络中从一个用户传送到另一个用户时，它们就随同文件一起蔓延开来，又常常难以根除。

二、计算机病毒的特征

计算机病毒作为一种特殊程序，一般具有以下特征：

1. 寄生性

计算机病毒寄生在其他程序之中，当执行这个程序时，病毒就起破坏作用，而在未启动这个程序之前，它是不易被人发觉的。

2. 传染性

是否具有传染性是判别一个程序是否为计算机病毒的最重要的条件。计算机病毒是一段人为编制的计算机程序代码，这段程序代码一旦进入计算机并得以执行，它就会搜寻其他符合其传染条件的程序或存储介质，确定目标后再将自身代码插入其中，达到自我繁殖的目的。只要一台计算机染毒，如不及时处理，那么病毒会在这台计算机上迅速扩散，计算机病毒可通过各种可能的渠道，如U盘、计算机网络去传染其他的计算机。计算机病毒的传染性也包含其寄生性特征，即病毒程序是嵌入宿主程序中，依赖于宿主程序的执行而生存。

3. 潜伏性

大多数计算机病毒程序进入系统后一般不会马上发作，而是能够在系统中潜伏一段时间，悄悄地进行传播和繁衍，当满足特定条件时才启动其破坏模块，也称发作。这些特定条件主要有以下几种：某个日期时间；某种事件发生的次数，如病毒对磁盘访问次数、对中断调用次数、感染文件的个数和计算机启动次数等；某个特定的操作，如某种组合按键、某个特定命令、读写磁盘某扇区等。显然，潜伏性越好，病毒传染的范围就越大。

4. 隐蔽性

计算机病毒具有很强的隐蔽性，有的可以通过病毒软件检查出来，有的根本就查不出来，有的时隐时现、变化无常，这类病毒处理起来通常很困难。

5. 破坏性

计算机病毒发作时，对计算机系统的正常运行都会有一些干扰和破坏作用，主要是造成计算机运行速度变慢、占用系统资源、破坏数据等，严重的则可能导致计算机系统和网络系统的瘫痪。即使所谓的"良性病毒"，虽然没有任何破坏动作，但也会侵占磁盘空间和内存空间。

三、计算机病毒的分类

对计算机病毒的分类有多种标准和方法，其中按照传播方式和寄生方式，可将病毒分为引导型病毒、文件型病毒、复合型病毒、宏病毒、脚本病毒、蠕虫病毒、"特洛伊木马"程序等。

1. 引导型病毒

引导型病毒是一种寄生在引导区的病毒，病毒利用操作系统的引导模块放在某个固定的位置，并且控制权的转交方式是以物理位置为依据，而不是以操作系统引导区的内容为依据，因而病毒占据该物理位置即可获得控制权，而将真正的引导区内容搬家转移，待病毒程序执行后，将控制权交给真正的引导区内容，使得这个带病毒的系统看似正常运转，而病毒已隐藏在系统中并伺机传染、发作。

2. 文件型病毒

寄生在可直接被 CPU 执行的机器码程序的二进制文件中的病毒称为文件型病毒。文件型病毒是对计算机的源文件进行修改，使其成为新的带毒文件。一旦计算机运行该文件就会被感染，从而达到传播的目的。

3. 复合型病毒

复合型病毒是一种同时具备"引导型"和"文件型"病毒某些特征的病毒。这类病毒查杀难度极大，所用的杀毒软件要同时具备杀两类病毒的功能。

4. 宏病毒

宏病毒是指一种寄生在 Office 文档中的病毒。宏病毒的载体是包含宏病毒的 Office 文档，传播的途径多种多样，可以通过各种文件发布途径进行传播，比如，光盘、Internet 文件服务等，也可以通过电子邮件进行传播。

5. 脚本病毒

脚本病毒通常是用脚本语言代码编写的恶意代码，该病毒寄生在网页中，一般通过网页进行传布。该病毒通常会修改 IE 首页、修改注册表等信息，造成用户使用计算机不方便。"红色代码""欢乐时光"都是脚本病毒。

6. 蠕虫病毒

蠕虫病毒是一种常见的计算机病毒，与普通病毒有较大区别。该病毒并不专注于感染其他文件，而是专注于网络传播。该病毒利用网络进行复制和传播，传染途径是通过网络和电子邮件，可以在很短时间内蔓延整个网络，造成网络瘫痪。最初的蠕虫病毒定义是因为在 DOS 环境下，病毒发作时会在屏幕上出现一条类似虫子的东西，胡乱吞吃屏幕上的字母并将其改形。"勒索病毒"和"求职信"都是典型的蠕虫病毒。

7. "特洛伊木马"程序

"特洛伊木马"程序是一种秘密潜伏的能够通过远程网络进行控制的恶意程序。控制者可以控制被秘密植入木马的计算机的一切动作和资源，是恶意攻击者进行窃取信息等的工具。"特洛伊木马"没有复制能力，它的特点是伪装成一个实用工具或者一个可爱的游戏，这会诱使用户将其安装在自己的计算机上。

四、计算机病毒的危害

计算机病毒有感染性，它能广泛传播，但这并不可怕，可怕的是病毒的破坏性。一些良性病毒可能会打扰屏幕的显示，或使计算机的运行速度减慢；但一些恶性病毒会破坏计算机的系统资源和用户信息，造成无法弥补的损失。

无论是"良性病毒"，还是"恶性病毒"，计算机病毒总会给计算机的正常工作带来危害，主要表现在以下两个方面：

1. 破坏系统资源

大部分病毒在发作时，都会直接破坏计算机的资源，比如，格式化磁盘改写文件分配表和目录区、删除重要文件或者用无意义的"垃圾"数据改写文件、破坏 CMOS 设置等。轻则导致程序或数据丢失，重则造成计算机系统瘫痪。

2. 占用系统资源

寄生在磁盘上的病毒总要非法占用一部分磁盘空间，并且这些病毒会很快地传染，在短时间内感染大量文件，造成磁盘空间的严重浪费。

大多数病毒在动态下都是常驻内存的，这就必然抢占一部分系统资源。病毒所占用的基本内存长度大致与病毒本身长度相当。病毒抢占内存，导致内存减少，一部分软件不能运行。病毒除占用存储空间外，还抢占中断、CPU 时间和设备接口等系统资源，干扰了系统的正常运行，使得正常运行的程序速度变得非常慢。

目前，许多病毒都是通过网络传播的，某台计算机中的病毒可以通过网络在短时间内感染大量与之相连接的计算机。病毒在网络中传播时，占用了大量网络资源，造成网络阻塞，使得正常文件的传输速度变得非常缓慢，严重的会引起整个网络瘫痪。

五、计算机病毒的防治

虽然计算机病毒的种类越来越多、手段越来越高明、破坏方式日趋多样化，但如果能采取适当、有效的防范措施，就能避免病毒的侵害，或者使病毒的侵害降到最低。

对于一般计算机用户来说，对计算机病毒的防治可从以下几个方面着手：

1. 安装正版杀毒软件

安装正版杀毒软件，并及时升级，定期扫描，可以有效降低计算机被感染病毒的概率。目前，计算机反病毒市场上流行的反病毒产品很多，国内的著名杀毒软件有 360、瑞星、金山毒霸等，国外引进的著名杀毒软件有 Norton AntiVirus（诺顿）、

Kasper sky Anti Virus（卡巴斯基）等。

2. 及时升级系统安全漏洞补丁

及时升级系统安全漏洞补丁，不给病毒攻击的机会。庞大的 Windows 系统必然会存在漏洞，包括蠕虫、木马在内的一些计算机病毒会利用某些漏洞来入侵或攻击计算机。微软采用发布"补丁"的方式来堵塞已发现的漏洞，使用 Windows 的"自动更新"功能，及时下载和安装微软发布的重要补丁，能使这些利用系统漏洞的病毒随着相应漏洞的堵塞而失去活动。

3. 始终打开防火墙

防火墙具有很好的保护作用，入侵者必须首先穿越防火墙的安全防线，才能接触目标计算机。可以将防火墙配置成不同保护级别，高级别的保护可能会禁止一些服务，如视频流等。

4. 不随便打开电子邮件附件

目前，电子邮件已成计算机病毒最主要的传播媒介之一，一些利用电子邮件进行传播的病毒会自动复制自身并向地址簿中的邮件地址发送。为了防止利用电子邮件进行病毒传播，对正常交往的电子邮件附件中的文件应进行病毒检查，确定无病毒后才打开或执行，至于来历不明或可疑的电子邮件则应立即予以删除。

5. 不轻易使用来历不明的软件

对于网上下载或其他途径获取的盗版软件，在执行或安装之前应对其进行病毒检查，即便未查出病毒，执行或安装后也应十分注意是否有异常情况，以便及时发现病毒的侵入。

6. 备份重要数据

反计算机病毒的实践告诉人们：对于与外界有交流的计算机，正确采取各种反病毒措施，能显著降低病毒侵害的概率和程度，但绝不能杜绝病毒的侵害。因此，做好数据备份是抗病毒最有效和最可靠的方法，同时也是抗病毒的最后防线。

7. 留意观察计算机的异常表现

计算机病毒是一种特殊的计算机程序，只要在系统中有活动的计算机病毒存在，它总会露出蛛丝马迹，即使计算机病毒没有发作，寄生在被感染的系统中的计算机病毒也会使系统表现出一些异常症状，用户可以根据这些异常症状及早发现潜伏的计算机病毒。如果发现计算机速度异常慢、内存使用率过高，或出现不明的文件进程时，就要考虑计算机是否已经感染病毒，并及时查杀。

第三节　防火墙技术

Internet 的普及应用使人们充分享受了外面的精彩世界，但同时也给计算机系统带来了极大安全隐患。黑客使用恶意代码（如病毒、蠕虫和特洛伊木马）尝试查找未受保护的计算机。有些攻击仅仅是单纯的恶作剧，而有些攻击则是心怀恶意，比如，试图从计算机中删除信息、使系统崩溃甚至窃取个人信息，如密码或信用卡号。比如，何既能和外部互联网进行有效通信，充分互联网的丰富信息，又能保证内部网络或计算机系统的安全，防火墙技术应运而生。

一、防火墙的概念

防火墙的本义是指古代构筑和使用木质结构房屋的时候，为防止火灾的发生和蔓延，人们将坚固的石块堆砌在房屋周围作为屏障，这种防护构筑物就被称为"防火墙"。其实与防火墙一起起作用的就是"门"。如果没有门，各房间的人如何沟通呢，这些房间的人又如何进去呢？当火灾发生时，这些人又如何逃离现场呢？这个门就相当于防火墙技术中的"安全策略"，所以防火墙实际并不是一堵实心墙，而是带有一些小孔的墙。这些小孔就是用来留给那些允许进行的通信，在这些小孔中安装了过滤机制。

网络防火墙是在一个可信网络（如内部网）与一个不可信网络（如外部网）间起保护作用的一整套装置，在内部网和外部网之间的界面上构造一个保护层，并强制所有的访问或连接都必须经过这一保护层，在此进行检查和连接。只有被授权的通信才能通过此保护层，从而保护内部网资源免遭非法入侵。

防火墙的安全意义是双向的，一方面可以限制外部网对内部网的访问；另一方面也可以限制内部网对外部网中不健康或敏感信息的访问。防火墙的实现技术一般分为两种，一种是分组过滤技术；另一种是代理服务技术。分组过滤技术是基于路由的技术，其机理是由分组过滤路由对 IP 分组进行选择，根据特定组织机构的网络安全准则过滤掉某些 IP 地址分组，从而保护内部网络。代理服务技术是由一个高层应用网关作为代理服务器，对于任何外部网的应用连接请求首先进行安全检查，然后再与被保护网络应用服务器连接。代理服务器技术可使内、外网信息流动受到双向监控。

二、防火墙的功能

防火墙一般具有如下功能：

1. 访问控制

这是防火墙最基本也是最重要的功能，通过禁止或允许特定用户访问特定资源，保护网络的内部资源和数据。防火墙禁止非法授权的访问，因此需要识别哪个用户可以访问何种资源。

2. 内容控制

根据数据内容进行控制，例如，防火墙可以根据电子邮件的内容识别出垃圾邮件并过滤掉垃圾邮件。

3. 日志记录

防火墙能记录下经过防火墙的访问行为，包括内、外网进出的情况。一旦网络发生了入侵或者遭到破坏，就可以对日志进行审计和查询。

4. 安全管理

通过以防火墙为中心的安全方案配置，能将所有安全措施（如密码、加密、身份认证和审计等）配置在防火墙上。与将网络安全问题分散到各主机上相比，防火墙的这种集中式安全管理更经济、更方便。例如，在网络访问时，一次一个口令系统和其他的身份认证系统完全可以不必分散在各个主机上而集中在防火墙。

5. 内部信息保护

通过利用防火墙对内部网络的划分，可实现内部网中重点网段的隔离，限制内部网络中不同部门之间互相访问，从而保障了网络内部敏感数据的安全。另外，隐私是内部网络非常关心的问题，一个内部网络中不引人注意的细节，可能包含了有关安全的线索而引起外部攻击者的兴趣，甚至由此暴露了内部网络的某些安全漏洞。例如，Finger（一个查询用户信息的程序）服务能够显示当前用户名单以及用户的详细信息，DNS（域名服务器）能够提供网络中各主机的城名及相应的 IP 地址。防火墙可以隐藏那些透露内部细节的服务，以防止外部用户利用这些信息对内部网络进行攻击。

三、防火墙的类型

有多种方法对防火墙进行分类，从软、硬件形式上可以把防火墙分为软件防火墙、硬件防火墙及芯片级防火墙。

1. 软件防火墙

软件防火墙运行于特定的计算机上，它需要客户预先安装好的计算机操作系统的支持，一般来说，这台计算机就是整个网络的网关，俗称“个人防火墙”。软件防火墙就像其他的软件产品一样需要先在计算机上安装并做好配置才可以使用。防火墙厂商中做网络版软件防火墙最出名的莫过于 Checkpoint，使用这类防火墙，需要网管对所工作的操作系统平台比较熟悉。

2. 硬件防火墙

硬件防火墙是指“所谓的硬件防火墙”。之所以加上“所谓”二字是针对芯片级防火墙来说的。它们最大的差别在于，是否基于专用的硬件平台。目前，市场上大多数防火墙都是这种所谓的硬件防火墙，它们都基于 PC 架构；也就是说，它们和普通的家庭用的 PC 没有太大区别。在这些 PC 架构计算机上运行一些经过裁剪和简化的操作系统，最常用的有老版本的 Unix、Linux 和 FreeBSD 系统。值得注意的是，由于此类防火墙采用的依然是别人的内核，因此依然会受到 OS（操作系统）本身的安全性影响。

传统硬件防火墙一般至少应具备三个端口，分别接内网、外网和 DMZ 区（非军事化区），现在一些新的硬件防火墙往往扩展了端口，常见四端口防火墙一般将第四个端口作为配置口、管理端口。很多防火墙还可以进一步增加端口数目。

3. 芯片级防火墙

芯片级防火墙基于专门的硬件平台，没有操作系统。专有的 ASIC 芯片促使它们比其他种类的防火墙速度更快、处理能力更强、性能更高。做这类防火墙最出名的厂商有 NetScreen、FortiNet、Cisco 等。这类防火墙由于是专用操作系统，因此防火墙本身的漏洞比较少，不过价格相对比较高昂。

防火墙技术虽然出现了许多，但总体来讲可分为"包过滤型"和"应用代理型"两大类。前者以以色列的 Checkpoint 防火墙和美国 Cisco 公司的 PIX 防火墙为代表；后者以美国 NAI 公司的 Gauntlet 防火墙为代表。

四、360 木马防火墙

目前市场上有免费的、针对个人计算机用户的安全软件，具有某些防火墙的功能，如 360 木马防火墙。

1.360 木马防火墙简介

360 木马防火墙是一款专用于抵御木马入侵的防火墙，应用 360 独创的"亿级云防御"，从防范木马入侵到系统防御查杀，从增强网络防护到加固底层驱动，结合先进的"智能主动防御"，多层次全方位地保护系统安全，每天为 3.2 亿 360 用户拦截木马入侵次数峰值突破 1.2 亿次，居各类安全软件之首，已经超越一般传统杀毒软件防护能力。木马防火墙需要开机随机启动，才能起到主动防御木马的作用。

360 木马防火墙属于主动防御安全软件，非网络防火墙（传统简称为防火墙）。360 木马防火墙内置在 360 安全卫士 7.1 及以上版本、360 杀毒 1.2 及以上版本中，完美支持 Windows 7 64 位系统。

2.360 木马防火墙的特点

传统安全软件"重查杀、轻防护"，往往在木马潜入电脑盗取账号后，再进行事后查杀，即使杀掉了木马，也会残留，系统设置被修改，网民遭受的各种损失也无法挽回。360 木马防火墙则创新出"防杀结合、以防为主"，依靠抢先侦测和云端鉴别，智能拦截各类木马，在木马盗取用户账号、隐私等重要信息之前，将其"歼灭"，有效地解决了传统安全软件查杀木马的滞后性缺陷。360 木马防火墙采用了独创的"亿级云防御"技术。它通过对电脑关键位置的实时保护和对木马行为的智能分析，并结合 3 亿 360 用户组成的"云安全"体系，实现了对用户电脑的超强防护和对木马的有效拦截。根据 360 安全中心的测试，木马防火墙拦截木马效果是传统杀毒软件的 10 倍以上。而其对木马的防御能力，还将随 360 用户数的增多而进一步提升。

为了有效防止驱动级木马、感染木马、隐身木马等恶性木马的攻击破坏，360 木马防火墙采用了内核驱动技术，拥有包括网盾、局域网、U 盘、驱动、注册表、进程、文件、漏洞在内的八层"系统防护"，能够全面抵御经各种途径入侵用户电脑的木马攻击。另外，360 木马防火墙还有"应用防护"，对浏览器、输入法、桌面图标等木马易攻击的地方进行防护。木马防火墙需要开机自动启动，才能起到主动防御木马的作用。

3. 系统防护

360 木马防火墙由八层系统防护及三类应用防护组成。系统防护包括网页防火墙、漏洞防火墙、U 盘防火墙、驱动防火墙、进程防火墙、文件防火墙、注册表防火墙、ARP 防火墙。

（1）网页防火墙。

网页防火墙主要用于防范网页木马导致的账号被盗，网购被欺诈。用户开启后在浏览危险网站时 360 会予以提示，对于钓鱼网站，360 网盾会提示登录真正的网站。

此外，网页防火墙还可以拦截网页的一些病毒代码，包含屏蔽广告、下载后鉴定等功能，如果安装 360 安全浏览器，则可以在下载前对文件进行鉴定，防止下载病毒文件。

（2）漏洞防火墙。

微软发布漏洞公告后用户往往不能在第一时间进行更新；此外，如果使用的是盗版操作系统，微软自带的 Windows Update 不能使用，360 漏洞修复可以帮助用户在第一时间打上补丁，防止各类病毒入侵电脑。

（3)U 盘防火墙。

在用户使用 U 盘过程中进行全程监控，可彻底拦截感染 U 盘的木马，插入 U 盘时可以自动查杀。

（4）驱动防火墙。

驱动木马具有很高的权限，破坏力强，通常可以很容易地执行键盘记录、结束进程、强删文件等操作。有了驱动防火墙可以阻止病毒驱动的加载，从系统底层阻断木马，加强系统内核防护。

（5）进程防火墙。

在木马即将运行时阻止木马的启动，拦截可疑进程的创建。

（6）文件防火墙。

防止木马篡改文件，防止快捷键等指令被修改。

（7）注册表防火墙。

对木马经常利用的注册表关键位置进行保护，阻止木马修改注册表，从而达到用于防止木马篡改系统，防范电脑变慢、上网异常的目的。

（8)ARP 防火墙。

防止局域网木马攻击导致的断网现象，如果是非局域网用户，则不必使用该功能。

4. 应用防护

（1）浏览器防护。

锁定所有外链的打开方式，打开此功能可以保证所有外链均使用用户设置的默认浏览器打开，该功能不会对任何文件进行云引擎验证。

（2）输入法防护。

当有程序试图修改注册表中输入法对应项时，360 木马防火墙会对操作输入法注册表的可执行程序及 IME 输入法可执行文件进行云引擎验证。

（3）桌面图标防护。

高级防护监控所有桌面图标等相关的修改，提示桌面上的变化。

第四节　系统漏洞与补丁

为什么计算机病毒、恶意程序、木马能如此容易地入侵计算机？系统漏洞是其中的一个主要因素。正确认识系统漏洞，并且重视及时修补系统漏洞，对计算机系统的安全至关重要。

一、操作系统漏洞和补丁简介

1. 系统漏洞

根据唯物史观的认识，这个世界上没有十全十美的东西存在。同样，作为软件界的大鳄微软生产的 Windows 操作系统同样也不例外。随着时间的推移，它总是会有一些问题被发现，尤其是安全问题。

所谓系统漏洞，就是微软 Windows 操作系统中存在的一些不安全组件或应用程序。黑客通常会利用这些系统漏洞，绕过防火墙、杀毒软件等安全保护软件，对安装 Windows 系统的服务器或者计算机进行攻击，从而达到控制被攻击计算机的目的，比如，冲击波、震荡波等病毒都是很好的例子。一些病毒或流氓软件也会利用这些系统漏洞，对用户的计算机进行感染，以达到广泛传播的目的。这些被控制的计算机，轻则导致系统运行非常缓慢，无法正常使用计算机；重则导致计算机上的用户关键信息被盗窃。

2. 补丁

针对某一个具体的系统漏洞或安全问题而发布的专门解决该漏洞或安全问题的小程序，通常称为修补程序，也叫系统补丁或漏洞补丁。同时，漏洞补丁不限于 Windows 系统，大家熟悉的 Office 产品同样会有漏洞，也需要打补丁。微软公司为提高其开发的各种版本的 Windows 操作系统和 Office 软件的市场占有率，会及时地把软件产品中发现的重大问题以安全公告的形式公布于众，这些公告都有一个唯一的编号。

3. 不补漏洞的危害

在互联网日益普及的今天，越来越多的计算机连接到互联网，甚至某些计算机保持"始终在线"的连接,这样的连接使它们暴露在病毒感染、黑客入侵、拒绝服务攻击,以及其他可能的风险面前。操作系统是一个基础的特殊软件,它是硬件、网络与用户的一个接口。不管用户在上面使用什么应用程序或享受怎样的服务,操作系统一定是必用的软件。因此它的漏洞如果不补,就像门不上锁一样危险,轻则资源耗尽,重则感染病毒、隐私尽泄,甚至会产生经济上的损失。

二、操作系统漏洞的处理

当系统漏洞被发现以后,微软会及时发布漏洞补丁。通过安装补丁,就可以修补系统中相应的漏洞,从而避免这些漏洞带来的风险。

有多种方法可以给系统打漏洞补丁,例如,Windows 自动更新、微软的在线升级。各种杀毒、反恶意软件中也集成了漏洞检测及打漏洞补丁功能。下面介绍微软的在线升级及使用 360 安全卫士给系统打漏洞补丁的方法。

1. 微软的在线升级安装漏洞补丁

登录微软的软件更新网站 http://windows update.microsoft.com,单击页面上的"快速"按钮或者"自定义"按钮,该服务将自动检测系统需要安装的补丁,并列出需要安装更新的补丁。单击"安装更新程序"按钮后,即开始下载安装补丁。

登录微软件更新网站,安装漏洞补丁时,必须开启"Windows 安全中心"中的"自动更新"功能,并且所使用操作系统必须是正版的,否则很难通过微软的正版验证。

2. 使用 360 安全卫士安装漏洞补丁

360 安全卫士中的"修复漏洞"功能相当于 Windows 中的"自动更新"功能,能检测用户系统中的安全漏洞,下载和安装来自微软官方网站的补丁。

要检测和修复系统漏洞,可单击"修复漏洞"标签,360 安全卫士即开始检测系统中的安全漏洞,检测完成后会列出需要安装更新的补丁。单击"立即修复"按钮,即开始下载和安装补丁。

第五节　系统备份与还原

病毒破坏、硬盘故障和误操作等各种原因,都可能会引起 Windows 系统不能正常运行甚至系统崩溃,往往需要重新安装 Windows 系统。成功安装操作系统、安装运行在操作系统上的各种应用程序,短则几个小时,多则几天,所以重装系统是一项费时费力的工作。通常系统安装完成以后,都要进行系统备份。系统发生故障时,利用系统备份进行系统还原。目前常用的备份与还原的方法主要有 Norton Ghost 软件及 Windows 系统(Windows7 以上版本)中的备份与还原工具。

一、用 Ghost 对系统备份和还原

Ghost 是 Symantec 公司的 Norton 系列软件之一，其主要功能如下：能进行整个硬盘或分区的直接复制；能建立整个硬盘或分区的镜像文件，即对硬盘或分区备份，并能用镜像文件恢复还原整个硬盘或分区等。这里的分区是指主分区或扩展分区中的逻辑盘，如 C 盘。

利用 Ghost 对系统进行备份和还原时，Ghost 先为系统分区如 C 盘生成一个扩展为 gho 的镜像文件，当以后需要还原系统时，再用该镜像文件还原系统分区，仅仅需要几十分钟，就可以快速地恢复系统。

在系统备份和还原前应注意如下事项：

第一，在备份系统前，最好将一些无用的文件删除以减少 Ghost 文件的体积。通常无用的文件有 Windows 的临时文件夹、IE 临时文件夹、Windows 的内存交换文件，这些文件通常要占去 100 多兆硬盘空间。

第二，在备份系统前，整理目标盘和源盘，以加快备份速度。在备份系统前及恢复系统前，最好检查一下目标盘和源盘，纠正磁盘错误。

第三，在选择压缩率时，建议不要选择最高压缩率，因为最高压缩率非常耗时，而压缩率又没有明显提高。

第四，在恢复系统时，最好先检查一下要恢复的目标盘是否有重要的文件还未转移，千万不要等硬盘信息被覆盖后才后悔莫及。

第五，在新安装了软件和硬件后，最好重新制作映像文件，否则很可能在恢复后出现一些莫名其妙的错误。

下面以 Ghost 32 11.0 版本为例，简述利用 Ghost 进行系统备份和还原的方法。

1. 系统备份

利用 Ghost 进行系统备份的操作步骤如下：

（1）用光盘或 U 盘启动操作系统 PE 版，执行 Ghost，在出现的 "About Symantec Ghost" 对话框中单击 "OK" 按钮。

（2）执行 "Local(本地)" | "Partition(分区)" | "To Image(生成镜像文件)" 命令，打开 "选择要制作镜像文件所在分区的硬盘" 对话框。

（3）由于计算机系统中只有一个硬件盘，所以这里选择 Drivel 作为要制作镜像文件所在分区的硬盘，单击 "OK" 按钮，打开 "Select source partitions from Basic drive : 1(选择源分区)" 对话框，该对话框列出了 Drivel 硬盘主分区和扩展分区中的各个逻辑盘及其文件系统类型、卷标、容量和数据已占用空间的大小等信息。

（4）列出了 3 个逻辑盘，即主分区中的卷标为 "WinXP"、扩展分区中卷标为 "DISKD" 及扩展分区中卷标为 "DISKE" 的分区。这里选择 Part 1(C 逻辑盘)，作为要制作镜像文件所在的分区，单击 "OK" 按钮，打开 "File name to copy image to(指

定镜像文件名）"对话框。

（5）选择镜像文件的存放位置 "D：1.2：[DISKD]NTFS drive"，"1.2" 的意思是第一个硬盘中的第二个逻辑盘（D 盘）；输入镜像文件的文件名 "system back"。

（6）单击 "Save" 按钮，打开选择 Compress Image(1916) 压缩方式对话框。有 3 个按钮表示 3 种选择："No"（不压缩）、"Fast"（快速压缩）和 "High(高度压缩)"。高度压缩可节省磁盘空间，但备份速度相对较慢，而不压缩或快速压缩虽然占用磁盘空间较大，但备份速度较快，不压缩最快，这里选择 "Fast"。

2. 系统备份的还原

利用备份的镜像文件可恢复分区到备份时的状态，目标分区可以是原分区，也可以是容量大于原分区的其他分区，包括另一台计算机硬盘上的分区。

利用 Ghost 进行系统备份的还原操作步骤如下：

（1）用光盘或 U 盘启动操作系统，执行 Ghost，在出现的 "About Symantec Ghost" 对话框中单击 "OK" 按钮。

（2）执行 "Local(本地)" | "Partition(分区)" | "From Image(从镜像文件中恢复)" 命令，打开 "选择要恢复的镜像文件" 对话框。

（3）选定要恢复的镜像文件 "system back GHO" 后，单击 "Open" 按钮，打开 "Select source partition from image file(从镜像文件中选择源分区)" 对话框。该对话框列出了镜像文件中所包含的分区信息，可以是一个分区，也可以是多个不同的分区。

二、用 VHD 技术进行系统备份与还原

用 Ghost 对系统备份和还原时，不能在操作系统本身运行时进行，必须用第三方软件 Windows PE 启动系统后再进行备份和还原，比较麻烦。从 Windows 7 开始，用户可以通过 VHD 技术在控制面板里为 Windows 创建完整的系统映像，选择将映像直接备份在硬盘上、网络中的其他计算机或者光盘上。

VHD 的中文名为虚拟硬盘。VHD 其实应该被称作 VHD 技术或 VHD 功能，就是能够把一个 VHD 文件虚拟成一个硬盘的技术，VHD 文件的扩展名是 vhd，一个 VHD 文件可以被虚拟成一个硬盘，在其中可以如在真实硬盘中一样操作：读取、写入、创建分区、格式化。

VHD 最早称为 VPC。VHD 是 VPC 创建的虚拟机的一部分，如同硬盘是电脑的一部分，VPC 虚拟机里的文件存放在 VHD 上如同电脑里的文件存在硬盘上，然后 VHD 被用于 Windows Vista 完整系统备份，就是将完整的系统数据保存在一个 VHD 文件之中（ Windows 7 以后的版本继承了此功能），在 Windows 7 出现之前 VHD 一直默默无闻如小家碧玉不为人所知，但随着 Windows7 的横空出世，VHD 开始崭露头角乃至大放异彩。

由于 Windows 7 已将 Win RE(集成在了系统分区，这使它的还原和备份一样容易实现。也就是说，Windows 7 以上版本的操作系统可以不需要用第三方软件 Windows

PE 启动后对系统进行备份和还原。

1. 创建 Windows 7 的系统映像

利用 VHD 创建 Windows 7 的系统映像的操作步骤如下：

（1）打开控制面板，执行"备份与还原"|"创建系统映像"命令，打开"创建系统映像"对话框。

一般情况下，Windows 7 会自动扫描磁盘以帮助用户选择系统备份的目标分区，用户也可指定系统备份的目标分区。

（2）单击"下一步"按钮，选择用户需要进行备份的系统分区。默认情况下，Windows 会自动选中系统所在分区，其他分区处于可选择状态。

（3）这里只需要选择系统分区，继续单击"下一步"按钮。

（4）单击"开始备份"按钮，Windows 开始进行备份工作。此备份过程完全在 Windows 下进行。

（5）在映像创建完毕后，Windows 会询问是否创建系统启动光盘。这个启动光盘是一个最小化的 Windows PE，用于用户在无法进入 Win RE 甚至连系统安装光盘都丢失的情况下恢复系统使用。

（6）单击"否"命令按钮，完成系统映像的创建。

Windows 7 创建的映像文件存放在名为"Windows Image Back up"的文件夹下，内部文件夹以备份时的计算机名命名。在使用 Win RE 进行映像还原时，Windows 会查找这两个文件夹的名称，用户可以改变 Windows Image Back up 存放的位置，但是不可以改变它的名称。

Windows 7 的映像文件是以 vhd 的形式存在的，vhd 是微软的虚拟机 Virtual PC 的文件类型。

2. 使用 Windows 7 内置的 Win RE 还原

备份完成后就可以方便地对系统进行还原，还原方法有使用控制面板中的"备份和还原"工具还原、使用 Windows 7 内置的 Win RE 还原及 Windows 7 系统盘引导还原，这里介绍第二种还原方法：使用 Windows 7 内置的 Win RE 还原。

由于 Windows 7 已经把 Win RE 集成在了系统所在分区，这使得 Windows 的还原过程也变得非常轻松。当系统受损或计算机无法进入系统时，可以按以下步骤轻松还原计算机：

（1）开机预启动时按 F8 功能键进入高级启动选项，选择"修复计算机"命令后，按回车进入 Win RE。

（2）在打开的"系统恢复选项"对话框中，选择默认的键盘输入方式后，单击"下一步"命令按钮。

（3）在打开的"系统恢复选项"对话框中，选择系统备份时的用户名和密码后，单击"确定"命令按钮。

（4）在打开的"系统恢复选项"对话框中，选择恢复工具，Win RE 提供了多项实用的系统修复工具。现在的目的是从映像还原计算机，因此选择"系统映像恢复"命令。

第六节　计算机新技术

随着大数据时代的到来，人们的各种互动、设备、社交网络和传感器正在生成海量的数据。云计算、物联网、社交网络等新兴服务促使人类社会的数据种类和规模正以前所未有的速度增长，大数据时代正式到来。数据从简单的处理对象开始转变为一种基础性资源，如何更好地管理和利用大数据已经成为普遍关注的问题，大数据的规模效应给数据存储、管理及数据分析带来了极大挑战，数据管理方式变革正在酝酿和发生。

一、计算机新技术及其应用

随着互联网技术的推陈出新，云计算、大数据和物联网已成为目前 IT 领域最有发展前景、最热门的新兴技术，三者相互关联、相辅相成。三大前沿技术将成为影响全球科技格局和国家创新竞争力的趋势和核心技术。

一般来讲，云端即是网络资源，从云端来按需获取所需要的服务内容就是云计算。云计算是指 IT 基础设施的交付和使用模式，是指通过网络以按需、易扩展的方式获得所需的资源（硬件、平台、软件）。提供资源的网络被称为"云"。"云"中的资源在使用者看来是可以无限扩展的，并且可以随时获取、按需使用、随时扩展、按使用付费。这种特性经常被称为像水电一样使用 IT 基础设施。广义的云计算是指服务的交付和使用模式，指通过网络以按需、易扩展的方式获得所需的服务。这种服务可以是 IT 和软件、互联网相关的，也可以是任意其他的服务。

大数据，就是指种类多、流量大、容量大、价值高、处理和分析速度快的真实数据汇聚的产物。大数据或称巨量资料或海量数据资源，指的是所涉及的资料量规模巨大到无法通过目前主流软件工具，在合理时间内达到撷取、管理、处理，并整理成为帮助企业经营决策更积极目的的资讯。

简单理解，物物相连的联网，即物联网。物联网在国际上又称为传感网，这是继计算机、互联网与移动通信网之后的又一次信息产业浪潮。世界上的万事万物，小到手表、钥匙，大到汽车、楼房，只要嵌入一个微型感应芯片，把它变得智能化，这个物体就可以"自动开口说话"。再借助无线网络技术，人们就可以和物体"对话"，物体和物体之间也能"交流"，这就是物联网。随着信息技术的发展，物联网行业应用版图不断增长。比如，智能交通环境保护、政府工作、公共安全、平安家居、智能消防、工业监测、老人护理、个人健康、花卉栽培、水系监测、食品溯源等。

物联网产生大数据，大数据助力物联网。目前，物联网正在支撑起社会活动和人们生活方式的变革，被称为继计算机、互联网之后冲击现代社会的第三次信息化发展浪潮。物联网在将物品和互联网连接起来，进行信息交换和通信，以实现智能化识别、定位、跟踪、监控和管理的过程中，产生的大量数据也在影响着电力、医疗、交通、安防、物流、环保等领域商业模式的重新形成。物联网握手大数据，正在逐步显示出巨大的商业价值。

大数据是高速跑车，云计算是高速公路。在大数据时代，用户的体验与诉求已经远远超过了科研的发展，但是用户的这些需求却依然被不断地实现。在云计算、大数据的时代，那些科幻片中的统计分析能力粗具雏形，而其中最大的功臣并非工程师和科学家，而是互联网用户，他们的贡献已远远超出科技十年的积淀。

物联网、云计算等新兴技术也将被应用到电子商务之中。电子商务产业链整合及物流配套，正是物联网、云计算这些新兴技术的"用武之地"。

二、大数据

大数据是近几年来新出现的一个名词，它相比传统的数据描述，具有不同的特征。

1. 大数据的概述

最早提出大数据时代到来的是麦肯锡："数据已经渗透到当今每一个行业和业务职能领域，成为重要的生产因素。人们对于海量数据的挖掘和运用，预示着新一波生产率增长和消费者盈余浪潮的到来。"

（1）大数据的定义。

对于"大数据"，研究机构 Gartner 给出了这样的定义："大数据"是需要新处理模式才能具有更强的决策力、洞察发现力和流程优化能力来适应海量、高增长率和多样化的信息资产。

麦肯锡全球研究所给出的定义是一种规模大到在获取存储、管理，分析方面大大超出了传统数据库软件工具能力范围的数据集合，具有海量的数据规模、快速的数据流转、多样的数据类型和价值密度低四大特征。

大数据技术的战略意义不在于掌握庞大的数据信息，而在于对这些含有意义的数据进行专业化处理。换言之，如果把大数据比作一种产业，那么这种产业实现盈利的关键，在于提高对数据的"加工能力"，通过"加工"实现数据的"增值"。

从技术上看，大数据与云计算的关系就像一枚硬币的正反面一样密不可分。大数据必然无法用单台的计算机进行处理，必须采用分布式架构。它的特色在于对海量数据进行分布式数据挖掘，但它必须依托云计算的分布式处理、分布式数据库和云存储、虚拟化技术。随着云时代的来临，大数据也吸引了越来越多的关注。分析师团队认为，大数据通常用来形容一个公司创造的大量非结构化数据和半结构化数据，这些数据在下载到关系型数据库用于分析时会花费过多时间和金钱。大数据分析常和云计算联系到一起，因为实时的大型数据集分析需要像 Map Reduce 一样的框架来向数十、数百，甚至数千的电脑分配工作。

两者之间结合后会产生如下效应：可以提供更多基于海量业务数据的创新型服务；通过云计算技术的不断发展降低大数据业务的创新成本。大数据需要特殊的技术，以有效地处理大量的容忍经过时间内的数据。适用于大数据的技术，包括大规模并行处理（MPP）数据库、数据挖掘技术、分布式文件系统分布式数据库、云计算平台、互联网和可扩展的存储系统。

（2）大数据的特征

业界将大数据的特征归纳为四个"V"：Volume（大量）、Variety（多样）、Value（价值）、Velocity（高速）。或者说大数据的特点有四个层面：第一，数据体量巨大，大数据的起始计量单位至少是 P、E 或 Z；第二，数据类型繁多，比如，网络日志、视频、图片、地理位置信息等；第三，价值密度低，商业价值高；第四，处理速度快。最后这一点和传统的数据挖掘技术有着本质的不同。

存储单元最小的基本单位是 bit，按顺序给出所有单位：bit、Byte、KB、MB、GB、TB、PB、EB、ZB、YB、BB、NB、DB。

它们按照进率 1024（2 的 10 次方）来计算：

1 Byte=8 bit

1 KB=1024 Bytes=8192 bit

1 MB=1024 KB=1048576 Bytes

1 GB=1024 MB=1048576KB

1 TB=1024 GB=1048576 MB

1 PB=1024 TB=1048576 GB

1 EB=1024 PB=1048576 TB

1 ZB=1024 EB=1048576 PB

1 YB=1024 ZB=1048576 EB

1 BB=1024 YB=1048576 ZB

1 NB=1024 BB=1048576 YB

1 DB=1024 NB=1048576 BB

除了上面的 4 个"V"以外，数据的真实性（Veracity）、复杂性（Complexity）和可变性（Variability）等也是大数据的特征。

（3）大数据的价值

现在的社会是一个高速发展的社会，科技发达、信息流通，人们之间的交流越来越密切，生活也越来越方便，大数据就是这个高科技时代的产物。

有人把数据比作蕴藏能量的煤矿。煤炭按照性质有焦煤、无烟煤、肥煤、贫煤等分类，而露天煤矿、深山煤矿的挖掘成本又不一样。与此类似，大数据并不在于"大"，而在于"有用"。价值含量、挖掘成本比数量更为重要。对于很多行业而言，如何利用这些大规模数据是赢得竞争的关键。

维克托·迈尔·舍恩伯格在《大数据时代》一书中百般例证，都是为了说明一个道理：在大数据时代已经到来的时候，要用大数据思维去发掘大数据的潜在价值。书中作者提及最多的是 Google 如何利用人们的搜索记录挖掘数据二次利用价值，比如，预测某地流感爆发的趋势；亚马逊如何利用用户的购买和浏览历史数据进行有针对性的书籍购买推荐，以此有效地提升销售量；Fare cast 如何利用过去十年所有的航线机票价格打折数据，来预测用户购买机票的时机是否合适。

那么，什么是大数据思维？维克托·迈尔·舍恩伯格认为：

第一，需要全部数据样本而不是抽样；

第二，关注效率而不是精确度；

第三，关注相关性而不是因果关系。

如果把大数据比作一种产业，那么这种产业实现盈利的关键，在于提高对数据的"加工能力"，通过"加工"实现数据的"增值"。

Target 以 20 多种怀孕期间孕妇可能会购买的商品为基础，将所有用户的购买记录作为数据来源，通过构建模型分析购买者的行为相关性，能准确地推断出孕妇的具体临盆时间，这样 Target 的销售部门就可以有针对性地在每个怀孕顾客的不同阶段寄送相应的产品优惠券。

Target 的例子是一个很典型的案例，印证了维克托·迈尔·舍恩伯格提过的一个很有指导意义的观点：通过找出一个关联物并监控它，就可以预测未来。Target 通过监测购买者购买商品的时间和品种来准确预测顾客的孕期，这就是对数据的二次利用的典型案例。如果我们通过采集驾驶员手机的 GPS 数据，就可以分析出当前哪些道路正在堵车，并可以及时发布道路交通提醒；通过采集汽车的 GPS 位置数据，就可以分析城市的哪些区域停车较多，这也代表该区域有着较为活跃的人群，这些分析数据适合卖给广告投放商。

不管大数据的核心价值是不是预测，但是基于大数据形成决策的模式已经为不少的企业带来了盈利和声誉。

从大数据的价值链条来分析，存在以下三种模式：

第一，手握大数据，但是没有利用好，比较典型的是金融机构、电信行业、政府机构等。

第二，没有数据，但是知道如何帮助有数据的人利用它，比较典型的是 IT 咨询和服务企业，如埃森哲、IBM、Oracle 等。

第三，既有数据，又有大数据思维，比较典型的是 Google、亚马逊，Mastercard 等。未来在大数据领域最具有价值的是两种事物：第一是拥有大数据思维的人，这种人可以将大数据的潜在价值转化为实际利益；第二是还没有被大数据触及的业务领域。这些是还未被挖掘的油井、金矿，是所谓的蓝海。

Wal-Mart 作为零售行业的巨头，他们的分析人员会对每个阶段的销售记录进行了全面的分析，有一次他们无意中发现虽不相关但很有价值的数据，在美国的飓风来临季节，超市的蛋挞和抵御飓风物品竟然销量都有大幅增加，于是他们做了一个明智决策，就是将蛋挞的销售位置移到了飓风物品销售区域旁边，看起来是为了方便用户挑选，但是没有想到蛋挞的销量因此又提高了很多。

该例子真实的反映在各行各业，探求数据价值取决于把握数据的人，关键是人的数据思维；与其说是大数据创造了价值，不如说是大数据思维触发了新的价值增长。

大数据的价值体现在以下几个方面：

第一，对大量消费者提供产品或服务的企业可以利用大数据进行精准营销。

第二，做小而美模式的中小企业可以利用大数据做服务转型。

第三，面临互联网压力之下必须转型的传统企业需要与时俱进，并充分利用大数据的价值。

不过，"大数据"在经济发展中的巨大意义并不代表其能取代一切对于社会问题的理性思考，科学发展的逻辑不能被湮没在海量数据中。著名经济学家路德维希·冯·米塞斯曾提醒过："就今日言，有很多人忙碌于资料之无益累积，以致对问题之说明与解决，丧失了其对特殊的经济意义的了解。"这确实是需要警惕的。

（4）大数据的发展趋势

就现如今大数据发展状况来看，呈如下发展趋势：

1）数据的资源化

资源化，是指大数据成为企业和社会关注的重要战略资源，并已成为大家争相抢夺的新焦点。因而，企业必须提前制订大数据营销战略计划，抢占市场先机。

2）与云计算的深度结合

大数据离不开云处理，云处理为大数据提供了弹性可拓展的基础设备，是产生大数据的平台之一。自2013年开始，大数据技术已开始和云计算技术紧密结合，预计未来两者关系将更为密切。此外，物联网、移动互联网等新兴计算形态，也将一起助力大数据革命，让大数据营销发挥出更大的影响力。

3）科学理论的突破

随着大数据的快速发展，就像计算机和互联网一样，大数据很有可能是新一轮的技术革命。随之兴起的数据挖掘、机器学习和人工智能等相关技术，可能会改变数据世界里的很多算法和基础理论，实现科学技术上的突破。

4）数据科学和数据联盟的成立

未来，数据科学将成为一门专门的学科，被越来越多的人所认知。各大高校将设立专门的数据科学类专业，也会催生一批与之相关的新的就业岗位。与此同时，基于数据这个基础平台，也将建立起跨领域的数据共享平台；之后，数据共享将扩展到企业层面，并且成为未来产业的核心一环。

5）数据泄露泛滥

未来几年数据泄露事件的增长率也许会达到100%，除非数据在其源头就能够得到安全保障。可以说，在未来，每个财富 500 强企业都会面临数据攻击，无论它们是否已经做好安全防范。而所有企业，无论规模大小，都需要重新审视今天的安全定义。在财富 500 强企业中，超过 50% 将会设置首席信息安全官这一职位。企业需要从新的角度来确保自身及客户数据，所有数据在创建之初便需要获得安全保障，而并非在数据保存的最后一个环节，仅仅加强后者的安全措施已被证明于事无补。

6）数据管理成为核心竞争力

数据管理成为核心竞争力，直接影响财务表现。当"数据资产是企业核心资产"的概念深入人心之后，企业对于数据管理便有了更清晰的界定，将数据管理作为企业核心竞争力持续发展，战略性规划与运用数据资产成为企业数据管理的核心。数据资产管理效率与主营业务收入增长率、销售收入增长率显著正相关；此外，对于具有互联网思维的企业而言，数据资产竞争力所占比重为 36.8%，数据资产的管理效果将直接影响企业的财务表现。

7）数据质量是 BI（商业智能）成功的关键

采用自助式商业智能工具进行大数据处理的企业将会脱颖而出。其中要面临的一个挑战是，很多数据源会带来大量低质量数据。想要成功，企业需要理解原始数据与数据分析之间的差距，从而消除低质量数据并通过 BI 获得更佳决策。

8）数据生态系统复合化程度加强

大数据的世界不只是一个单一的、巨大的计算机网络，而是一个由大量活动构件与多元参与者元素构成的生态系统，终端设备提供商、基础设施提供商、网络服务提供商、网络接入服务提供商、数据服务使用者、数据服务提供商、触点服务、数据服务零售商等一系列的参与者共同构建的生态系统。而今，这样一套数据生态系统的雏形已然形成，接下来的发展将趋向于系统内部角色的细分，也就是市场的细分；系统机制的调整，也就是商业模式的创新；系统结构的调整，也就是竞争环境的调整等，从而使数据生态系统复合化程度逐渐增强。

2. 大数据的相关技术

大数据技术，就是从各种类型的数据中快速获得有价值信息的技术。大数据领域已经涌现出了大量新的技术，它们成为大数据采集、存储、处理和呈现的有力武器。

大数据技术一般包括大数据采集、大数据预处理、大数据存储及管理、大数据分析及挖掘、大数据展现和应用（大数据检索、大数据可视化、大数据应用、大数据安全等）。

（1）大数据采集技术

数据是指通过 RFID 射频数据、传感器数据、社交网络交互数据及移动互联网数据等方式获得的各种类型的结构化、半结构化（或称之为弱结构化）及非结构化的海量数据，是大数据知识服务模型的根本。重点要突破分布式高速高可靠数据撷取或采集，高速数据全映像等大数据收集技术；突破高速数据解析、转换与装载等大数据整合技术；设计质量评估模型，开发数据质量技术。

　　大数据采集一般分为大数据智能感知层和基础支撑层，智能感知层主要包括数据传感体系、网络通信体系、传感适配体系、智能识别体系及软硬件资源接入系统、实现对结构化、半结构化、非结构化的海量数据的智能化识别、定位、跟踪、接入、传输、信号转换、监控、初步处理和管理等，必须着重攻克针对大数据源的智能识别、感知、适配、传输、接入等技术。基础支撑层提供大数据服务平台所需的虚拟服务器，结构化、半结构化及非结构化数据的数据库及物联网络资源等基础支撑环境。重点攻克分布式虚拟存储技术，大数据获取、存储、组织、分析和决策操作的可视化接口技术，大数据的网络传输与压缩技术，大数据隐私保护技术等。

　　（2）大数据预处理技术

　　大数据预处理技术主要完成对已接收数据的辨析、抽取、清洗等操作。

　　1）抽取

　　因获取的数据可能具有多种结构和类型，数据抽取过程可以帮助我们将这些复杂的数据转化为单一的或者便于处理的构型，以达到快速分析处理的目的。

　　2）清洗

　　大数据并不全是有价值的，有些数据并不是我们所关心的内容，还有一些数据则是完全错误的干扰项，因此要对数据通过过滤"去噪"提取出有效数据。

　　（3）大数据存储及管理技术

　　大数据存储与管理要用存储器把采集到的数据存储起来，建立相应的数据库，并进行管理和调用。重点解决复杂结构化、半结构化和非结构化大数据管理与处理技术。主要解决大数据的可存储、可表示、可处理、可靠性及有效传输等几个关键问题。开发可靠的分布式文件系统（DFS）、能效优化的存储、计算融入存储、大数据的去冗余及高效低成本的大数据存储技术；突破分布式非关系型大数据管理与处理技术、异构数据的数据融合技术、数据组织技术、研究大数据建模技术；突破大数据索引技术；突破大数据移动、备份、复制等技术。

　　开发新型数据库技术，数据库分为关系型数据库、非关系型数据库以及数据库缓存系统。其中，非关系型数据库主要指的是 NoSQL 数据库，分为键值数据库、列存数据库、图存数据库及文档数据库等类型。关系型数据库包含了传统关系数据库系统以及 New SQL、数据库。开发大数据安全技术。改进数据销毁、透明加解密、分布式访问控制、数据审计等技术；突破隐私保护和推理控制、数据真伪识别和取证、数据持有完整性验证等技术。

　　（4）大数据分析及挖掘技术

　　大数据分析技术。改进已有数据挖掘和机器学习技术；开发数据网络挖掘，特异群组挖掘、图挖掘等新型数据挖掘技术；突破基于对象的数据连接、相似性连接等大数据融合技术；突破用户兴趣分析、网络行为分析、情感语义分析等面向领域的大数据挖掘技术。

　　数据挖掘就是从大量的、不完全的、有噪声的、模糊的、随机的实际应用数据中，提取隐含在其中的、人们事先不知道的，但又是潜在有用的信息和知识的过程。数据挖掘涉及的技术方法很多，有多种分类法。根据挖掘任务可分为分类或预测模型发现，数据总结聚类，关联规则发现序列模式发现、依赖关系或依赖模型发现，异常和趋势发现等；根据挖掘对象可分为关系数据库、面向对象数据库、空间数据库、时态数据库、文本数据源、多媒体数据库、异质数据库、遗产数据库以及环球网 Web；根据挖掘方法可粗分为机器学习方法、统计方法、神经网络方法和数据库方法。机器学习中，可细分为归纳学习方法（决策树、规则归纳等）、基于范例学习、遗传算法等。统计方法中，可细分为回归分析（多元回归、自回归等）、判别分析（贝叶斯判别、费歇尔判别、非参数判别等）、聚类分析（系统聚类、动态聚类等）、探索性分析（主元分析法、相关分析法等）等。神经网络方法中可细分为：前向神经网络（BP 算法等）、自组织神经网络（自组织特征映射、竞争学习等）等。数据库方法主要是多维数据分析或 OLAP 方法，另外还有面向属性的归纳方法。

从挖掘任务和挖掘方法的角度，着重突破：

1）可视化分析

数据可视化无论对普通用户或是数据分析专家，都是最基本的功能。数据图像化可以让数据自己说话，让用户直观地感受到结果。

2）数据挖掘算法

图像化是将机器语言翻译给人看，而数据挖掘就是机器的母语。分割、集群、孤立点分析，还有各种各样的算法让我们精炼数据、挖掘价值。这些算法一定要能够应付大数据的量，同时还具有很高的处理速度。

3）预测性分析

预测性分析可以让分析师根据图像化分析和数据挖掘的结果做出一些前瞻性判断。

4）语义引擎

语义引擎需要设计到有足够的人工智能以从数据中主动地提取信息。语言处理技术包括机器翻译、情感分析、舆情分析、智能输入、问答系统等。

5）数据质量和数据管理

数据质量与管理是管理的最佳实践，透过标准化流程和机器对数据进行处理可以确保获得一个预设质量的分析结果。

（5）大数据展现与应用技术

大数据技术能够将隐藏于海量数据中的信息和知识挖掘出来，为人类的社会经济活动提供依据，从而提高各个领域的运行效率，大大提高整个社会经济的集约化程度。在我国，大数据将重点应用于以下三大领域：商业智能、政府决策、公共服务。例如，商业智能技术，政府决策技术，电信数据信息处理与挖掘技术，电网数据信息处理与挖掘技术，气象信息分析技术，环境监测技术，警务云应用系统（道路监控、视频监控、网络监控、智能交通、反电信诈骗、指挥调度等公安信息系统），大规模基因序列分析比对技术，Web 信息挖掘技术，多媒体数据并行化处理技术，影视制作渲染技术，其他各种行业的云计算和海量数据处理应用技术等。

3. 大数据的架构

随着互联网、移动互联网和物联网的发展，谁也无法否认，海量数据的时代已经到来，对这些海量数据的分析已经成为一个非常重要且紧迫的需求。

Hadoop 由 Apache Software Foundation 公司于 2005 年秋天作为 Lucene 的子项目 Nutch 的一部分正式引入。它受到最先由 Google Lab 开发的 Map/Reduce 和 Google File System(GFS) 的启发。Hadoop 在可伸缩性、健壮性、计算性能和成本上具有无可替代的优势，事实上已成为当前互联网企业主流的大数据分析平台。

（1）Hadoop 概述

Hadoop 主要由两部分组成，分别是分布式文件系统和分布式计算框架 Map Reduce。其中，分布式文件系统主要用于大规模数据的分布式存储，而 Map Reduce 则构建在分布式文件系统之上，对存储在分布式文件系统中的数据进行分布式计算。

在 Hadoop 中，Map Reduce 层的分布式文件系统是独立模块，用户可按照约定的一套接口实现自己的分布式文件系统，然后经过简单的配置后，存储在该文件系统上的数据便可以被 Map Reduce 处理。Hadoop 默认使用的分布式文件系统是 HFDS，它与 Map Reduce 框架紧密结合。

（2）Hadoop HDFS 架构

HDFS 是 Hadoop 分布式文件系统的缩写，为分布式计算存储提供了底层支持。采用 Java 语言开发，可以部署在多种普通的廉价机器上，以集群处理数量积达到大型主机处理性能。

1）HDFS 架构原理

总体上采用了 Master/Slave 架构，一个 HDFS 集群包含一个单独的名称节点和多个数据节点。

Name Node 作为 Master 服务，它负责管理文件系统的命名空间和客户端对文件的访问。Name Node 会保存文件系统的具体信息，包括文件信息，文件被分割成具体 Block 块的信息及每一个 Block 块归属的 Data Node 的信息。对于整个集群来说，HDFS 通过 Name Node 对用户提供了一个单一的命名空间。

Data Node 作为 Slave 服务，在集群中可以存在多个。通常每一个 Data Node 都对应于一个物理节点。Data Node 负责管理节点上它们拥有的存储，它将存储划分为多个 Block 块，管理 Block 块信息；同时，周期性地将其所有的 Block 块信息发送给 Name Node。

文件写入时，Client 向 Name Node 发起文件写入的请求，Name Node 根据文件大小和文件块配置情况，返回给 Client 它所管理部分 Data Node 的信息，Client 将文件划分为多个 Block 块，并根据 Data Node 的地址信息，按顺序写入每一个 Data Node 块中。

读取文件时，Client 向 Name Node 发起文件读取的请求，Name Node 返回文件存储的 block 块信息及其 Block 块所在 Data Node 的信息。Client 读取文件信息。

2）HDFS 数据备份

HDFS 被设计成一个可以在大集群中跨机器、可靠的存储海量数据的框架。它将所有文件存储成 Block 块组成的序列，除了最后一个 Block 块，所有的 Block 块大小都是一样的。文件所有 Block 块都会因为容错而被复制。每个文件的 Block 块大小和容错复制份数都是可配置的。容错复制份数可以在文件创建时配置，后期也可以修改。HDFS 中的文件默认规则，是 write one（一次写、多次读）的，并且严格要求在任何时候只有一个 writer。Name Node 负责管理 Block 块的复制，它周期性地接收集群中所有 Data Node 的心跳数据包和 Block report。心跳包表示 Data Node 正常工作，Block report 描述了该 Data Node 上所有的 Block 组成的列表。

①备份数据的存放

备份数据的存放是 HDFS 可靠性和性能的关键。HDFS 采用一种称为 rack-aware 的策略来决定备份数据的存放。通过一个称为 Rack Awareness 的过程，Name Node 决定每个 Data Node 所属 Rack id。缺省情况下，一个 Block 块会有三个备份，一个在 Name Node 指定的 Data Node 上；一个在指定 Data Node 非同一 Rack 的 Data Node 上，另一个在指定 Data Node 同一 Rack 的 Data Node 上。这种策略综合考虑了同一 Rack 失效以及不同 Rack 之间数据复制性能问题。

②副本的选择

为了降低整体的带宽消耗和读取延时，HDFS 会尽量读取最近的副本。如果在同一个 rack 上有一个副本，那么就读该副本。如果一个 HDFS 集群跨越多个数据中心，那么将首先尝试读本地数据中心的副本。

③安全模式

系统启动后先进入安全模式，此时系统中的内容不允许修改和删除，直到安全模式结束。安全模式主要是为了启动检查各个 Data Node 上数据块的安全性。

3）Map Reduce

① Map Reduce 来源

Map Reduce 是由 Google 在一篇论文中提出并广为流传的。它最早是 Google 提出的一个软件架构，用于大规模数据集群分布式运算。任务的分解（Map）与结果的汇总（Reduce）是其主要思想。Map 就是将一个任务分解成多个任务，Reduce 就是将分解后多任务分别处理，并将结果汇总为最终结果。

② Map Reduce 架构

同 HDFS 一样，Hadoop Map Reduce 也采用了 Master/Slave 架构。它主要由以下几个组件组成：Client Job Tracker，Task Tracker 和 Task。

用户编写的 Map Reduce 程序通过 Client 提交到 Job Tracker 端；同时，用户可以通过 Client 提供的一些接口查看作业运行状态。在 Hadoop 内部用"作业"（Job）表示 Map Reduce 程序。一个 Map Reduce 程序可以对应若干个作业，而每个作业会被分解成若干个 Map Reduce 任务（Task）。

Job Tracker 主要负责资源监控和作业调度。Job Tracker 监控所有 Task Tracker 与作业的健康状况，一旦发现失败情况后，其会将相应的任务转移到其他节点；同时，Job Tracker 会跟踪任务的执行进度、资源使用量等信息，并将这些信息告诉任务调度器，而调度器会在资源出现空闲时，选择合适的任务使用这些资源。在 Hadoop 中，任务调度器是一个可插拔的模块，用户可以根据自己的需要设计相应的调度器。

Task Tracker 会周期性地通过 Heartbeat 将本节点上资源的使用情况和任务的运行进度汇报给 Job Tracker，同时接收 Job Tracker 发送过来的命令并执行相应的操作（如启动新任务、杀死任务等）。Task Tracker 使用"Slot"等量划分本节点上的资源量。"Slot"代表计算资源（CPU、内存等）。一个 Task 获取一个 Slot 后才有机会运行，而 Hadoop 调度器的作用就是将各个 Task Tracker 上的空闲 Slot 分配给 Task 使用。Slot 分为 Map slot 和 Reduce slot 两种，分别供 Map Task 和 Reduce Task 使用。Task Tracker 通过 Slot 数目（可配置参数）限定 Task 的并发度。

Task 分为 Map Task 和 Reduce Task 两种，均由 Task Tracker 启动。HDFS 以固定大小的 Block 为基本单位存储数据，而对于 Map Reduce 而言，其处理单位是 Split。Split 是一个逻辑概念，它只包含一些元数据信息，比如，数据起始位置、数据长度数据所在节点等。它的划分方法完全由用户自己决定。但需要注意的是，split 的多少决定了 Map Task 的数目，因为每个 Split 会交由一个 Map Task 处理。

三、物联网

物联网是新一代信息技术的重要组成部分，也是"信息化"时代的重要发展阶段。物联网在国际上又称为传感网，这是继计算机、互联网与移动通信网之后的又一次信息产业浪潮。世界上的万事万物，小到手表、钥匙，大到汽车、楼房，只要嵌入一个微型感应芯片，把它变得智能化，这个物体就可以"自动开口说话"。再借助无线网络技术，人们就可以和物体"对话"、物体和物体之间也能"交流"，这就是物联网。

1. 物联网的概述

物联网的英文名称是"Internet of Things（IoT）"。顾名思义，物联网就是物物相连的互联网。其有两层意思：其一，物联网的核心和基础仍然是互联网，是在互联网基础上的延伸和扩展的网络；其二，其用户端延伸和扩展到了任何物品与物品之间，进行信息交换和通信，也就是物物相连。

（1）物联网的定义

物联网的概念是在 1999 年提出的，它的定义很简单，即通过射频识别（RFID）、红外感应器、全球定位系统、激光扫描器、气体感应器等信息传感设备，按约定的协议，把任何物品与互联网连接起来，进行信息交换和通信，以实现智能化识别、定位、跟踪、监控和管理的一种网络。简言之，物联网就是"物物相连的互联网"。

这里的"物"要满足以下条件才能够被纳入"物联网"的范围：

1）要有相应信息的接收器。

2）要有数据传输通路。

3）要有一定的存储功能。

4）要有CPU。

5）要有操作系统。

6）要有专门的应用程序。

7）要有数据发送器。

8）遵循物联网的通信协议。

9）在世界网络中有可被识别的唯一编号。

2005年11月17日，在突尼斯举行的信息社会世界峰会（WSIS）上，国际电信联盟（ITU）发布了《ITU互联网报告2005：物联网》，引用了"物联网"的概念，对物联网做了如下定义：通过二维码识读设备、射频识别（RFID）装置、红外感应器、全球定位系统和激光扫描器等信息传感设备，按约定的协议，把任何物品与互联网相连接，进行信息交换和通信，以实现智能化识别定位、跟踪、监控和管理的一种网络。

根据国际电信联盟（ITU）的定义，物联网主要解决物品与物品（thing to thing，T2T）、人与物品（human to thing，H2T）、人与人（human to human，H2H）之间的互联。但是与传统互联网不同的是，H2T是指人利用通用装置与物品之间的连接，从而使得物品连接更加简化，而H2H是指人之间不依赖于PC而进行的互联。因为互联网并没有考虑到对于任何物品连接的问题，故我们使用物联网来解决这个传统意义上的问题。物联网顾名思义就是连接物品的网络，许多学者讨论物联网时，经常会引入一个M2M的概念，可以解释成人到人（Man toMan）、人到机器（Man to Machine）、机器到机器，本质上说，在人与机器、机器与机器的交互，大部分是为了实现人与人之间的信息交互。

（2）物联网的用途范围及价值

物联网用途广泛，遍及公共事务管理、公共社会服务和经济发展建设等多个领域。

全球都将物联网视为信息技术的第三次浪潮，确立未来信息社会竞争优势的关键。据美国独立市场研究机构Forrester预测，物联网所带来的产业价值要比互联网高30倍，物联网将形成下一个上万亿元规模的高科技市场。

国际电信联盟于2005年的报告中曾描绘"物联网"时代的图景：当司机出现操作失误时汽车会自动报警；公文包会提醒主人忘带了什么东西；衣服会"告诉"洗衣机对颜色和水温的要求等。物联网在物流领域内的应用，比如，一家物流公司应用了物联网系统的货车，当装载超重时，汽车会自动告诉你超载了，并且超载多少，但空间还有剩余，告诉轻重货怎样搭配；当搬运人员卸货时，一包货物可能会大叫"你扔疼我了"，或者说"亲爱的，请你不要太野蛮，可以吗？"当司机在和别人扯闲话，货车会装作老板的声音怒吼"笨蛋，该发车了！"物联网把新一代IT技术充分运用在各行各业之中，具体地说，就是把感应器嵌入和装备到电网、铁路、桥梁、隧道、公路、建筑、供水系统、大坝、油气管道等各种物体中，然后将"物联网"与现有的互联网整合起来，实现人类社会与物理系统的整合，在这个整合的网络当中，存在能力超级强大的中心计算机群，能够对整合网络内的人员、机器、设备和基础设施实施实时管理和控制，在此基础上，人类可以以更加精细和动态的方式管理生产和生活，达到"智慧"状态，提高资源利用率和生产力水平，改善人与自然间的关系。

2. 物联网的系统架构

虽然物联网的定义目前没有统一的说法，但物联网的技术体系结构基本得到统一认识，分为感知层、网络层、应用层三大层次。

感知层是让物品说话的先决条件，主要用于采集物理世界中发生的物理事件和数据，包括各类物理量、身份标识、位置信息、音频、视频数据等。物联网的数据采集涉及传感器、RFID、多媒体信息采集、二维码和实时定位等技术。感知层又分为数据采集与执行、短距离无线通信两个部分。数据采集与执行主要是运用智能传感器技术、身份识别以及其他信息采集技术，对物品进行基础信息采集，同时接收上层网络送来的控制信息，完成相应执行动作。这相当于给物品赋予了嘴巴、耳朵和手，既能向网络表达自己的各种信息，又能接收网络的控制命令，完成相应动作。短距离无线通信能完成小范围内的多个物品的信息集中与互通功能，相当于物品的脚。

网络层完成大范围的信息沟通，主要借助已有的广域网通信系统（如PSTN网络、3G/4G移动网络、互联网等），把感知层感知到的信息快速、可靠、安全地传送到地球的各个地方，使物品能够进行远距离、大范围的通信，以实现在地球范围内的通信。这相当于人借助火车、飞机等公众交通系统在地球范围内的交流。当然，现有的公众网络是针对人的应用设计的，当物联网大规模发展之后，能否完全满足物联网数据通信的要求还有待验证。即便如此，在物联网的初期，借助已有公众网络进行广域网通信也是必然的选择，如同20世纪90年代中期在ADSL与小区宽带发展起来之前，用电话线进行拨号上网一样，它也发挥了巨大作用，完成了其应有的阶段性历史任务。

应用层完成物品信息的汇总、协同、共享、互通、分析、决策等功能，相当于物联网的控制层、决策层。物联网的根本还是为人服务，应用层完成物品与人的最终交互，前面两层将物品的信息大范围地收集起来，汇总在应用层进行统一分析、决策，用于支撑跨行业、跨应用、跨系统之间的信息协同、共享、互通，提高信息的综合利用度，最大限度地为人类服务。其具体的应用服务又回归到前面提到的各个行业应用，比如，智能交通、智能医疗、智能家居、智能物流、智能电力等。

3. 物联网的关键技术

物联网的关键技术主要涉及信息感知与处理、短距离无线通信、广域网通信系统、云计算、数据融合与挖掘、安全、标准、新型网络模型、如何降低成本等技术。

（1）信息感知与处理

要让物品说话，人要听懂物品的话，看懂物品的动作，传感器是关键。传感器有以下三个关键问题：

一是物品的种类繁多、各种各样、千差万别，物联网末端的传感器种类繁多，不像电话网、互联网的末端是针对人的，种类可以比较单一。

二是物品的数量巨大，远远大于地球上人的数量，其统一编址的数量巨大，IPv4针对人的应用都已经地址枯竭，IPv6地址众多，但它是针对人用终端设计的，对物联网终端，其复杂度、成本、功耗都是有待解决的问题。

三是成本问题，互联网终端针对人的应用，成本可在千元级，物联网终端由于数量巨大，其成本、功耗等都有更加苛刻的要求。

（2）短距离无线通信

短距离无线通信也是感知层中非常重要的一个环节，由于感知信息的种类繁多，各类信息的传输对所需通信带宽、通信距离、无线频段、功耗要求、成本敏感度等都存在很大差别，因此在无线局域网方面与以往针对人的应用存在巨大不同，如何适应这些要求也是物联网的关键技术之一。

（3）广域网通信系统

现有的广域网通信系统也主要是针对人的应用模型来设计的。在物联网中，其信息特征不同，对网络的模型要求也不同，物联网中的广域网通信系统如何改进、如何演变需要在物联网的发展中逐步探索和研究。

（4）数据融合与挖掘

现有网络主要还是信息通道的作用，对信息本身的分析处理并不多，目前各种专业应用系统的后台数据处理也是比较单一的。物联网中的信息种类、数量都成倍增加，其需要分析的数据量成级数增加；同时还涉及多个系统之间各种信息数据的融合问题，如何从海量数据中挖掘隐藏信息等问题，给数据计算带来了巨大挑战。云计算是当前能够看到的一个解决方法之一。

（5）安全

物联网的安全与现有信息网络的安全问题不同，它不仅包含信息的保密安全，同时还新增了信息真伪鉴别方面的安全。互联网中的信息安全主要是信息保密安全，信息本身的真伪主要是依靠信息接收者——人来鉴别，但在物联网环境和应用中，信息接收者、分析者都是设备本身，其信息源的真伪就显得更加突出和重要，并且信息保密安全的重要性比互联网的信息安全更重要。如果安全性不高，一是用户不敢使用物联网，物联网的推广难；二是整个物质世界容易处于极其混乱的状态，其后果不堪设想。

（6）标准

不管哪种网络技术，标准是关键，物联网涉及的环节多，终端种类多，其标准也更多。必须有标准，才能使各个环节的技术互通，才能融入更多的技术，才能把这个产业做大。在国家层面，标准更是保护国家利益和信息安全的最佳手段。

（7）成本

成本问题，表面上不是技术问题，但实际上成本最终是由技术决定的，是更复杂的技术问题。相同的应用，用不同的技术手段、不同的技术方案，成本千差万别。早期的一些物联网应用，起初想象得都很美好，但实际市场推广却不够理想，其中很重要的原因就是受成本的限制。因此，如何降低物联网各个网元和环节的成本至关重要，甚至是决定物联网推广速度的关键，应该作为最重要的关键技术来对待和研究。

四、机器学习

2019 年，机器学习和人工智能将被嵌入业务平台中，以创建并实现智能业务运营。在人工智能领域，中国领先美国，成为人工智能开发和应用程序的领导者。机器学习技术和算法训练的进步将带来更新更高级的 AI。自动驾驶汽车和机器人技术是 2019 年发展最快的两个行业。2019 年，人工智能、机器学习和深度学习将在业务应用程序中融合。随着 AI 和学习技术一起努力以达到更好的结果，AI 在各个级别上都将具有更高的准确性。到目前为止，人类只开发了窄人工智能。但是，人类的未来将拥有卓越的 AI。人类应该在多大程度上发展人工智能仍是一个有争议的话题。

五、量子计算（超级计算）

凭借其令人印象深刻的计算能力，子计算机将在不久的将来成为云服务，而不是本地机器。IBM 已经在提供基于云的量子计算服务。第一台量子计算机将比其他量子计算机具有显著优势。2019 年，实现超级计算机霸主地位的能力将会增强。

第四章　探索计算机新技术

随着计算机技术的飞速发展，计算机已经全面进入到各个家庭之中，关系到人们生活的方方面面，但是目前的网络环境还存在着一些安全性的问题，人们在使用计算机网络时，网络安全成为人们关心的一个问题。所以本章针对目前的网络安全缺陷，对目前的计算机网络安全信息新技术进行探索，本章将对探索计算机新技术进行分析。

第一节　认识云计算技术

云计算，分布式计算技术的一种，其最基本的概念，是通过网络将庞大的计算处理程序自动分拆成无数个较小的子程序，再交由多部服务器所组成的庞大系统经搜寻计算分析之后将处理结果回传给用户。稍早之前的大规模分布式计算技术即为云计算的概念起源。

一、技术应用

通过这项技术，网络服务提供者可以在数秒之内，实现处理数以千万计甚至亿计的信息，达到和"超级计算机"同样强大效能的网络服务。最简单的云计算技术在网络服务中已经随处可见，例如，搜寻引擎、网络信箱等，使用者只要输入简单指令即能得到大量信息。

未来如手机、GPS 等装置都可以通过云计算技术，发展出更多的应用服务。进一步的云计算不仅只有资料搜寻、分析的功能，未来如分析 DNA 结构、基因图谱定序解析癌细胞等，都可以通过这项技术轻易达成。

如果仅仅如此，那么云计算和其他计算（如网格计算、分布式计算）还有何种不同呢？答案当然是云计算的应用，还不仅仅如此。网格计算是针对特定的需求，采用分布式计算的模式来处理用户请求，在短时间内做出响应，且结果不依赖于单个参与计算的计算机。因此它的应用就很厉害了，包括如上所说分析 DNA 结构等。而云计算是你需要什么资源，在某个国家级的地点的云下经过协商，付费之后，相应地就能获得什么资源，来解决你的"任何"请求，或者公司的，或者国家的。当请求数增多的时候，添加额外的付费即可获得额外的资源来处理你的请求，即费用是和使用的资源成正比的；也就是说任何需要，计算都可以为你解决。小到需要使用特定软件，大到模拟卫星的周期轨道，以及数据的存储、公司的管理，对人们生活方式的影响等应用，可以说包含了你能想到的和你想不到的。而一切的资源，你想要得到的方式很简单，只需要提供合理的费用即可。这就是云计算的威力！

二、挑战展望

云计算技术的发展面临一系列的挑战，如使用云计算来完成任务能够获得哪些优势；可以实施哪些策略、做法或立法来支持或限制云计算的采用；如何提供有效的计算和提高存储资源的利用率；对云计算和传输中的数据以及静止状态的数据，将有哪些独特的限制；安全需求有哪些；提供可信环境都需要些什么。此外，云计算虽然给企业和个人用户提供了创造更好的应用和服务的机会，但同时也给了黑客机会。云计算宣告了低成本提供超级计算服务的可能，使黑客投入极少的成本，就能获得极大的网络计算能力，一旦这些"云"被用来破译各类密码、进行各种攻击，将会给用户的数据安全带来极大危险。所以，在这些安全问题和危险因素被有效控制之前，云计算很难得到彻底的应用和接受。

云计算将对互联网应用、产品应用模式和IT产品开发方向产生影响。云计算技术是未来技术的发展趋势，也是包括Google在内的互联网企业前进的动力和方向，未来主要朝以下三个方向发展。

1. 手机上的云计算

云计算技术提出后，对客户终端的要求大大降低，瘦客户机将成为今后计算机的发展趋势。瘦客户机通过云计算系统可以实现目前超级计算机的功能，而手机就是一种典型的瘦客户机，计算技术和手机的结合将实现随时、随地、随身的高性能计算。

2. 计算时代资源的融合

云计算最重要的创新，是将软件、硬件和服务共同纳入资源池，三者紧密地结合起来融合为一个不可分割的整体，并通过网络向用户提供恰当的服务。网络带宽的提高为这种资源融合的应用方式提供了可能。

3. 计算的商业发展

最终人们可能会像缴水电费那样去为自己得到的计算机服务缴费。这种使用计算机的方式对于诸如软件开发企业、服务外包企业、科研单位等对大数据计算存在需求的用户来说，无疑具有相当大的诱惑力。

第二节　培养大数据思维

近几年来，"大数据"已经成了最热门的词语，大数据的浪潮正声势浩大地出现在日常的生活中。大数据海量、混杂等特征会使预设的数据库系统崩溃。实际上，数据的纷繁杂乱才真正呈现出世界的复杂性和不确定性特征。面对扑面而来的大数据时代，我们应该正视大数据，转变思维，培养一种大数据思维方式。

那么，在学习大数据时如何培养"大数据思维"？

在"大数据"时代，数据不仅仅由互联网产生，汽车、物流、工业设备、道路交通监控等设备上装有无数传感器，产生的数据信息也是海量的，传统的数量级已经无法衡量如今社会各行各业产生的庞大数据了。

从"样本数据"到"全量数据"，采样分析的精确性随着采样随机性的增加而大幅提高，但与样本数量的增加关系不大。随机样本的基础是采样的绝对随机性，随机样本带给我们的只能是事先预设问题的答案。这种缺乏延展性的结果，无疑会使我们错失更多的机会。大数据时代，数据的收集问题不再成为我们的困扰，采集全量的数据成为现实。全量数据带给我们视角上的宏观与高远，将使我们可以站在更高的层级全貌看待问题，看见曾经被淹没的数据价值，发现藏匿在整体中有趣的细节。因为拥有全部或几乎全部的数据，就能使我们获得从不同的角度更细致更全面地观察研究数据的可能性，从而使大数据的分析过程成为惊喜的发现过程和问题域的拓展过程。算法是挖掘数据价值的工具，因此算法的研究一直以来是提升数据利用效率的重要路径。小数据时代，在数据的限制无法突破的情形下，对数据信息和价值的获取渴求使得对算法的研究越来越深入，发明的算法越来越复杂。事实表明，当数据量以指数级扩张时，原来在小数量级的数据中表现很差的简单算法，准确率会大幅提高；与之相反的是，在少量数据情况下运行得最好的复杂算法，在加入更多数据时，其算法的优势则不再显现。为此，更多的数据比算法系统显得更智能更重要，大数据的简单算法比小数据的复杂算法更有效。从 IT 到大数据可视化等应用技术服务，大数据需要新处理模式才能具有更强的决策力、洞察发现力和流程优化能力。大数据分析相比于传统的数据仓库应用，有数据量大、查询分析复杂的特点。因而，企业在接受大数据的同时，通过接受相关的大数据可视化等应用技术服务，改变企业内部的 IT 基础结构，由基础数据直接到数据分析结果的可视化展现。数据可视化分析通过交互可视化和可视化分析的前沿算法和新方法，给企业带来的是全方位的数据信息和决策驱动依据，借助可视化的直观展现效果，让洞察更高效快速、决策行动更敏捷畅通。

目前，大数据可视化分析产品服务也伴随着大数据的爆发而日渐兴起，国外很多此类软件已慢慢走向成熟，如 Tableau、IBM 大数据平台、Splunk 等，而国内也兴起了诸多类似产品，代表性的有国云数据研发的大数据魔镜，国内在这一块还在起步期。大数据时代，我们需要摆脱对传统的思维模式和隐含的假定，通过大数据分析、大数据可视化等应用服务技术，大数据会为我们呈现出新的深刻洞见和释放出巨大的价值。我们在大数据思维方式的指导下探索世界，以积极的姿态随时接收来自数据的洞察，做出快速的决策与行动，从而最大化地挖掘出大数据的价值。可以预见的未来必然是，大数据思维者得大数据天下。

第三节　触摸人工智能

人工智能，英文缩写为 AI。它是研究、开发用于模拟、延伸和扩展人的智能的理论、方法、技术及应用系统的一门新的技术科学。

人工智能是计算机科学的一个分支，它企图了解智能的实质，并生产一种新的能以与人类智能相似的方式做出反应的智能机器，该领域的研究包括机器人、语言识别、图像识别、自然语言处理和专家系统等。人工智能从诞生以来，理论和技术日益成熟，应用领域也不断扩大，可以设想，未来人工智能带来的科技产品，将会是人类智慧的"容器"。人工智能可以对人的意识、思维的信息过程进行模拟。人工智能不是人的智能，但能像人那样思考，也可能超过人的智能。人工智能是一门极富挑战性的科学，从事这项工作的人必须懂得计算机知识、心理学和哲学。

人工智能是门十分广泛的学科，它由不同的领域组成，如机器学习、计算机视觉；等等，总的来说，人工智能研究的一个主要目标是使机器能够胜任一些通常需要人类智能才能完成的复杂工作。但不同的时代、不同的人对这种"复杂工作"的理解是不同的。2017 年 12 月，人工智能入选"2017 年度中国媒体十大流行语"。2021 年 9 月 25 日，为促进人工智能健康发展，《新一代人工智能伦理规范》发布。

人工智能的定义可以分为两部分，即"人工"和"智能"。人工比较好理解，争议性也不大。有时我们会考虑什么是人力所能制造的，或者人自身的智能程度有没有到可以创造人工智能的地步等。但总的来说，"人工系统"就是通常意义下的人工系统。

人工智能在计算机领域内，得到了愈加广泛的重视，并在机器人、经济政治决策、控制系统中得到应用。

尼尔逊教授对人工智能下了这样一个定义："人工智能是关于知识的学科——怎样表示知识以及怎样获得知识并使用知识的科学。"而美国麻省理工学院的温斯顿教授认为："人工智能就是研究如何使计算机去做过去只有人才能做的智能工作。"这些说法反映了人工智能学科的基本思想和基本内容。即人工智能是研究人类智能活动的规律，构造具有一定智能的人工系统，研究如何让计算机去完成以往需要人的智力才能胜任的工作，也就是研究如何应用计算机的软硬件来模拟人类某些智能行为的基本理论、方法和技术。

人工智能是计算机学科的一个分支，20 世纪 70 年代以来被称为世界三大尖端技术之一（空间技术、能源技术、人工智能）；也被认为是 21 世纪三大尖端技术（基因工程、纳米科学、人工智能）之一。这是因为近 30 年来它获得了迅速的发展，在很多学科领域都获得了广泛应用，并取得了丰硕的成果。人工智能已逐步成为一个独立的分支，无论在理论和实践上都已自成一个系统。

人工智能是研究使计算机来模拟人的某些思维过程和智能行为（如学习、推理、思考规划等）的学科，主要包括计算机实现智能的原理、制造类似于人脑智能的计算机，使计算机能实现更高层次的应用。人工智能将涉及计算机科学、心理学、哲学和语言学等学科。可以说几乎涉及自然科学和社会科学的所有学科，已远远超出了计算机科学的范畴，人工智能与思维科学的关系是实践和理论的关系，人工智能是处于思维科学的技术应用层次的一个应用分支。

从思维观点看，人工智能不仅限于逻辑思维，要考虑形象思维、灵感思维才能促进人工智能的突破性的发展。数学常被认为是多种学科的基础科学，数学也进入语言、思维领域，人工智能学科也必须借用数学工具，数学不仅在标准逻辑、模糊数学等范围发挥作用，数学进入人工智能学科，它们将互相促进而更快地发展。

第四节　玩转虚拟现实

虚拟现实技术，缩写为 VR，是 20 世纪发展起来的一项全新的实用技术。虚拟现实技术包括计算机、电子信息仿真技术，其基本实现方式是计算机模拟虚拟环境，从而给人以环境沉浸感。随着社会生产力和科学技术的不断发展，各行各业对 VR 技术的需求日益旺盛。VR 技术也取得了巨大进步，并逐步成为一个新的科学技术领域。

一、简介

所谓虚拟现实，顾名思义，就是虚拟和现实相互结合。从理论上讲，虚拟现实技术是一种可以创建和体验虚拟世界的计算机仿真系统，它利用计算机生成一种模拟环境，使用户沉浸到该环境中。虚拟现实技术就是利用现实生活中的数据，通过计算机技术产生的电子信号，将其与各种输出设备结合，使其转化为能够让人们感受到的现象，这些现象可以是现实中真真切切的物体，也可以是我们肉眼所看不到的物质，通过三维模型表现出来。因为这些现象不是我们直接所能看到的，而是通过计算机技术模拟出来的现实中的世界，故称为虚拟现实。

虚拟现实技术受到了越来越多人的认可，可以在虚拟现实世界体验到最真实的感受，其模拟环境的真实性与现实世界难辨真假，让人有种身临其境的感觉；同时，虚拟现实具有一切人类所拥有的感知功能，比如，听觉、视觉、触觉、味觉、嗅觉等感知系统；最后，它具有超强的仿真系统，真正实现了人 / 机交互，使人在操作过程中，可以随意操作且得到环境最真实的反馈。正是虚拟现实技术的存在性、多感知性、交互性等特征使它受到了许多人的喜爱。

二、特征

1. 沉浸性

沉浸性是虚拟现实技术最主要的特征,就是让用户成为并感受到自己是计算机系统所创造环境中的一部分。虚拟现实技术的沉浸性取决于用户的感知系统,当使用者感知到虚拟世界的刺激时,包括触觉、味觉、嗅觉、运动感知等,便会产生思维共鸣,造成心理沉浸,感觉如同进入真实世界。

2. 交互性

交互性是指用户对模拟环境内物体的可操作程度和从环境得到反馈的自然程度,使用者进入虚拟空间,相应的技术让使用者跟环境产生相互作用,当使用者进行某种操作时,周围的环境也会做出某种反应。比如,使用者接触到虚拟空间中的物体,那么使用者应该能够感受到,若使用者对物体有所动作,物体的位置和状态也应改变。

3. 多感知性

多感知性表示计算机技术应该拥有很多感知方式,比如,听觉、触觉、嗅觉,等等。理想的虚拟现实技术应该具有一切人所具有的感知功能。由于相关技术,特别是传感技术的限制,目前大多数虚拟现实技术所具有的感知功能仅限于视觉、听觉、触觉、运动等几种。

4. 构想性

构想性也称想象性,使用者在虚拟空间中,可以与周围物体进行互动,可以拓宽认知范围,创造客观世界不存在的场景或不可能发生的环境。构想可以理解为使用者进入虚拟空间,根据自己的感觉与认知能力吸收知识、发散拓宽思维、创立新的概念和环境。

5. 自主性

自主性是指虚拟环境中的物体依据物理定律动作的程度。比如,当受到力的推动时,物体会向力的方向移动:或翻倒或从桌面跌落到地面等。

第五节 解密区块链技术

区块链是一个信息技术领域的术语。从本质上讲,它是一个共享数据库,存储于其中的数据或信息,具有"不可伪造""全程留痕""可以追溯""公开透明""集体维护"等特征。由于这些特征,区块链技术奠定了坚实的"信任"基础,创造了可靠的"合作"机制,具有广阔的运用前景。

2019年1月10日,国家互联网信息办公室发布《区块链信息服务管理规定》。"区块链"已走进大众视野,成为社会的关注焦点。

一、起源

区块链起源于比特币。2008 年 11 月 1 日，一位自称中本聪的人发表了《比特币：一种点对点的电子现金系统》一文，阐述了基于 P2P 网络技术、加密技术、时间戳技术、区块链技术等的电子现金系统的构架理念，这标志着比特币的诞生。两个月后理论步入实践，2009 年 1 月 3 日第一个序号为 0 的创世区块诞生。几天后，2009 年 1 月 9 日出现序号为 1 的区块，并与序号为 0 的创世区块相连接形成了链，标志着区块链的诞生。

近年来，世界对比特币的态度起起落落，但作为比特币底层技术之一的区块链技术日益受到重视。在比特币形成过程中，区块链一个个的存储单元，记录了一定时间内各个区块节点全部的交流信息。各个区块之间通过随机散列（也称哈希算法）实现链接，后一个区块包含前一个区块的哈希值，随着信息交流的扩大，一个区块与一个区块相继接续，形成的结果就叫区块链。

二、概念定义

什么是区块链？从科技层面来看，区块链涉及数学、密码学、互联网和计算机编程等很多科学技术问题。从应用视角来看，简单来说，区块链是一个分布式的共享账本和数据库，具有去中心化、不可篡改、全程留痕、可以追溯、集体维护、公开透明等特点。这些特点保证了区块链的"诚实"与透明，为块链创造信任奠定了基础。区块链丰富的应用场景，基本上都基于区块链能够解决信息不对称问题，实现多个主体之间的协作信任与一致行动。

区块链是分布式数据存储、点对点传输、共识机制、加密算法等计算机技术的新型应用模式。区块链（Block chain），比特币的一个重要概念，它本质上是一个去中心化的数据库，同时作为比特币的底层技术，是一串使用密码学方法相关联产生的数据块，每一个数据块中包含了一批次比特币网络交易的信息，用于验证其信息的有效性（防伪）和生成下一个区块。比特币白皮书英文原版 4 并未出现 block chain 一词，而是使用的 chain of blocks。最早的比特币白皮书中文翻译版中，将 chain of blocks 翻译成了区块链。这是"区块链"这一中文词最早的出现时间。

国家互联网信息办公室 2019 年 1 月 10 日发布《区块链信息服务管理规定》，自 2019 年 2 月 15 日起施行。作为核心技术自主创新的重要突破口，区块链的安全风险问题被视为当前制约行业健康发展的一大短板，频频发生的安全事件为业界敲响了警钟。拥抱区块链，需要加快探索建立适应区块链技术机制的安全保障体系。

三、类型

1. 公有区块链

公有区块链是指世界上任何个体或者团体都可以发送交易，且交易能够获得该区块链的有效确认，任何人都可以参与共识过程。公有区块链是最早的区块链，也是应用最广泛的区块链。

2. 联合（行业）区块链

行业区块链：某个群体内部指多个预选的节点为记账人，每个块的生成由所有的预选节点共同决定（预选节点参与共识过程），其他接入节点可以参与交易，但不过问记账过程（本质上还是托管记账，只是变成分布式记账，预选节点的多少、如何决定每个块的记账者成为该区块链的主要风险点），其他任何人都可以通过该区块链开放的 API 进行限定查询。

3. 私有区块链

私有区块链：仅仅使用区块链的总账技术进行记账，既可以是一个公司，也可以是个人，独享该区块链的写入权限，本链与其他的分布式存储方案没有太大区别。

第五章　计算机网络安全基础

当今大环境下，大数据已经影响到人们的生活。在这个时代，大数据成了现在网络发展的基本局势，给人们的生活带来一定方便的同时，许多网络安全问题也甚嚣尘上，这一定程度上阻碍了其发展，安全问题也成为大数据中最关键的问题，需要对其进行专门的研究，本章将对计算机网络安全基础进行分析。

第一节　网络安全的基本属性

计算机网络的广泛应用是当今信息社会的一场革命：电子商务和电子政务的发展和普及不仅给我们的生活带来了很大便利，而且正在创造着巨大的财富。与此同时，计算机网络也正面临着日益剧增的安全威胁。网络与信息安全问题日益突出，已成为影响国家安全、社会稳定和人民生活的大事，了解计算机的网络安全，保障网络安全、有序和有效地运行，是保证互联网高效、有序应用的关键之一。

网络安全的技术特征包括保密性、完整性、可用性、可控性和不可否认性，反映了网络安全的基本属性、要素和技术方面的重要特征，其中，保密性、完整性、可用性是保障网络信息安全的基本特征。

一、网络安全的定义

国际标准化组织引用 ISO 74982 文献中对安全的定义：安全就是最大限度地减少数据和资源被攻击的可能性。

《计算机信息系统安全保护条例》的第 3 条规范了包括计算机网络系统在内的计算机信息系统安全的概念："计算机信息系统的安全保护，应当保障计算机及其相关的和配套的设备、设施（含网络）的安全，运行环境的安全，保障信息的安全，保障计算机功能的正常发挥，以维护计算机信息系统的安全运行。"

计算机网络安全就是为了保证网络系统的硬件、软件及其系统中的数据资源能够完整、准确、连续运行，相关服务不受到干扰破坏和非授权使用。保护网络的信息安全是网络安全的最终目标和关键。因此，本质上讲，网络安全就是网络的信息安全，它涉及领域相当广泛。这是因为在目前的公用通信网络中存在着各种各样的安全漏洞和威胁。网络安全的通用定义是指网络系统的硬件、软件和系统中的数据受到保护，不因偶然的或者恶意的攻击而遭到破坏、更改、泄露，系统连续可靠正常地运行，网络服务不中断。广义上讲，凡是涉及网络上信息的保密性、完整性、可用性、可控性和不可否认性的相关技术和理论都是网络安全所要研究的领域。

欧共体（欧盟前身）对信息安全给出如下定义："网络与信息安全可被理解为在既定的密级条件下，网络与信息系统抵御意外事件或恶意行为的能力。这些事件和行为将危及所存储或传输的数据，以及经由这些网络和系统所提供的服务的可用性、真实性、完整性和秘密性。"

网络安全的具体含义会随着重视"角度"的变化而变化。例如，从用户（个人、企业等）的角度来说，希望涉及个人隐私或商业利益的信息在网络上传输时受到保护，避免其他人或对手利用窃听、冒充、篡改、抵赖等手段侵犯用户的隐私和利益。从网络运行和管理者的角度来说，希望本地网络信息的访问、读、写等操作受到保护和控制，避免出现后门、病毒、非法存取、拒绝服务、网络资源非法占用和非法控制等威胁，从而制止和防御网络黑客的攻击。从安全保密部门的角度来说，希望对非法的、有害的或涉及国家机密的信息进行过滤，避免机要信息泄露，避免对社会产生危害、对国家造成巨大损失。从社会教育和意识形态的角度来说，网络上不健康的内容会对社会的稳定和人类的发展造成阻碍，必须对其进行控制。

二、网络安全的重要性

随着信息科技的迅速发展及计算机网络的普及，计算机网络深入政府、军事、文教、金融、商业等诸多领域，可谓是无处不在。资源共享和计算机网络安全一直作为一对矛盾体而存在着，随着计算机网络资源共享进一步加强，信息安全问题日益突出。

网民基数大，受到的威胁数量自然不容小觑。单从病毒这一威胁来看，腾讯公司的互联网报告中统计出的 2015 年新增病毒样本就接近 1.5 亿个，病毒的数量非常大。各种计算机病毒和网上黑客对 Intenet 的攻击越来越猛烈，网站遭受破坏的事例不胜枚举。

互联网在我国政治、经济、文化及社会生活中发挥着越来越重要的作用。作为国家关键基础设施和新的生产、生活工具，互联网的发展极大地促进了信息流通和共享，提高了社会生产效率和人民生活水平，促进了经济社会的发展。而带来这些便利和发展的同时，上网数据也遭到了不同程度的攻击和破坏。攻击者不仅可以窃听网络上的信息，窃取用户的口令、数据库的信息，还可以篡改数据库内容，伪造用户身份，否认自己的签名；更有甚者，他们删除数据库内容、摧毁网络节点、释放计算机病毒；等，这些都使网络信息的安全性和用户自身的利益受到了严重威胁。所以，维护网络安全工作的重要性日益突出。

网络系统出现故障会影响国计民生。根据美国联邦调查局的调查，美国每年因为网络安全造成的经济损失超过 170 亿美元。75% 的公司报告财政损失是由于计算机系统的安全问题造成的。超过 50% 的安全威胁来自内部，而仅有 59% 的损失可以定量估算。1992 年，美国联邦航空管理局的一条光缆被无意间挖断，所属的 4 个主要空中交通管制中心关闭 35 小时，成百上千的航班被延误或取消。2008 年 3 月，英国伦敦希斯罗机场第五航站楼的电子网络系统在启用当天就发生故障，致使五号航站楼陷入混乱。

2015 年，信息泄露是信息安全中影响最大的因素，其中最大的 4 起事件分别为：美国人事管理局 2700 万政府雇员及申请人信息泄露；美国第二大医疗保险公司 Anthem 8000 万客户及员工信息泄露；婚外恋网站 Ashley Madison 3700 万用户信息泄露；意大利间谍软件公司 Hacking Team 被黑，包含多个零日漏洞、入侵工具和大量工作邮件及客户名单的 400G 数据被传到网上任意下载。这 4 起信息泄露事件的影响面各有不同，其中，美国人事管理局的事件使这一问题上升到国与国之间网络战争的政治影响；一些发达国家，如英国、美国、日本、俄罗斯等，把国家网络安全纳入了国家安全体系。

NSA 曾与加密技术公司 RSA 达成了 1000 万美元的协议，要求在移动终端广泛使用的加密技术中放置后门。RSA 此次曝出的丑闻影响巨大，作为信息安全行业的基础性企业，RSA 的加密算法如果被安置后门，将影响到非常多的领域。

信息安全空间将成为传统的国界、领海、领空的三大国防和基于太空的第四国防之外的第五国防空间；是国际战略在军事领域的演进，这对我国网络安全提出了严峻挑战。我国对信息安全的建设也非常重视，正在加快建设我国网络安全保障体系。

由此可见，无论是有意的攻击，还是无意的误操作，都将给系统带来不可估量的损失。所以，计算机网络必须有足够强的安全措施。无论是在局域网还是在广域网中，网络的安全措施应该能够抵抗各种不同的威胁和脆弱性，这样才能确保网络信息的保密性、完整性和可用性。

1. 保密性

保密性也称机密性，是指网络信息按规定要求不泄露给非授权的个人、实体或过程，或提供其利用的特性，即保护有用信息不泄露给非授权个人或实体，强调有用信息只被授权对象使用的特征。加密是保护存储在系统中的数据的一种有效方法，人们通常用加密方法来保证数据的保密性。解决的问题：防止用户非法获取关键的敏感信息，避免机密信息的泄露。

2. 完整性

完整性是指网络数据在传输、交换、存储和处理过程中保持非修改、非破坏和非丢失的特性，即保持信息原样性，使信息能正确生成、存储、传输，是最基本的安全特征，也是计算机系统和数据传输的安全目标。完整性包括软件完整性和数据完整性。完整性用于保护计算机系统内的软件和数据不被非法删改。

3. 可用性

可用性是指无论何时，只要用户需要，系统和网络资源必须是可用的，尤其是当计算机及网络系统遭到非法攻击时，它必须仍然能够为用户提供正常的系统功能和服务。为了保证系统和网络的可用性，必须解决网络和系统中存在的各种破坏可用性的问题。网络信息可被授权实体正确访问，并按要求能正常使用或在非正常情况下能恢复使用的特征，即在系统运行时能正确存取所需信息，当系统遭受攻击或破坏时，能迅速恢复并投入使用。

可用性是衡量网络信息系统面向用户的一种安全性能，属于网络服务的安全目标。

三、典型的网络安全事件

1. 谷歌 Android 市场出现恶意软件

2011 年 3 月初，Android 市场出现一系列的恶意应用软件，这些应用软件可窃取用户数据并可在未得到手机主人确认许可的情况下"拨出"电话或发送昂贵的短信。由于该问题在技术上没有找到好的解决办法，2011 年 3 月 4 日，谷歌 Android 官方应用商店不得不宣布将 56 款包含木马的手机应用软件下架。虽然谷歌已经从 Android 市场删除了有问题的应用软件，但公司并未对任何已经被下载的恶意软件采取"行动"。

2. 索尼被黑，黑客借网络入侵炫耀

自从 2011 年 4 月 PlayStation 网络入侵事件导致 1 亿多个用户账户信息被泄露以来，索尼共遭到大大小小的黑客攻击 10 余次。索尼影视、索尼欧洲、索尼希腊 BMG 网站、索尼泰国、索尼日本音乐、索尼爱立信加拿大等，无一不成为黑客攻击的目标。最初发生的 PlayStation 网络入侵事件是索尼迄今遭遇到的规模最大的黑客攻击。专家认为，索尼之所以遭遇网络攻击问题，一方面是因为索尼的系统缺乏稳定的安全性；另一方面是因为新崛起的黑客群体更乐意炫耀他们入侵公司防御系统的能力。

3. 美国花旗银行遭黑，促银行业安全体系大修

2011 年 6 月 8 日，美国花旗银行证实，该银行系统被黑客侵入，21 万北美地区银行卡用户的姓名、账户、电子邮箱等信息可能被泄露。花旗银行的一位发言人说，监管人员在对银行系统进行例行检查时发现，不明黑客侵入银行系统，盗取了大批信用卡持有者的信息。据估计，约 1% 的信用卡持有者受到入侵事件的影响。这位发言人说，被盗取的信息包括用户的姓名、账号以及电子邮箱地址等联系方式，但用户的出生日期、社会安全号、信用卡过期日及安全密码等信息没有被盗取。这位发言人当时说："银行正在联系受影响的客户，并加强了安全保护措施。"尽管花旗坚称此次攻击造成的破坏有限，但专家还是将此事件称为美国大型金融机构有史以来遭受的最严重的直接攻击，并表示这次事件或将促成银行业数据安全体系的彻底大修。

4.IMF 数据库遭"黑客"攻击

国际货币基金组织（IMF）连遭打击。继前总裁多米尼克·施特劳斯·卡恩因强

奸罪被指控锒铛入狱之后，IMF 又爆出内部网络系统遭黑客袭击的消息。英国《每日邮报》称，这是一起"经过精心策划的严重攻击"，作为目前国际社会应对金融危机努力中的领导者，IMF 掌握着关于各国财政情况的绝密信息，以及各国领导人就国际救市计划进行的秘密协商的有关材料，一旦这些内容泄露，不仅将对世界经济复苏造成严重的负面影响，更有可能引发一些国家的政治动荡。美国《纽约时报》的消息称，此次事件可能只是黑客在试验被入侵系统的性能。也有人认为，国际货币基金组织此次遭袭是一起"网络钓鱼"事件，该组织的某位工作人员可能在不知情的情况下误点了某个不安全的链接，或者运行了某个使黑客得以入侵的软件。大多数被黑客攻击的组织或机构都不愿意透露过多的信息，因为它们担心这样做只会带来更多的入侵。

5.Facebook 被黑，暴力色情图片泛滥

2011 年 11 月 15 日，社交网站 Facebook 遭到了黑客攻击，部分用户抱怨在其个人资料页面中目睹了大量色情和暴力图片。有人认为，这是黑客组织 Anonymous 所为。该社交网络的有些用户反映，一些暴力或色情的图片在未经他们许可的情况下就出现在了他们的新闻动态信息中；还有些用户则被告知，他们的 Facebook 好友正在发送点击链接或视频的请求。这类似于我们以前在 Facebook 上见过的那类垃圾信息。不同的是，它来得要迅猛得多，似乎是提前计划好的。有媒体称，这些垃圾信息中的链接并不是要将用户带到别的什么地方，而是为了"侵入用户的账户，并向该用户的所有好友发送类似的垃圾信息"。在 Twitter 上搜索"Facebook 色情"可以发现，这两个社交网络的用户对此发出了很多抱怨之声。Facebook 用户抱怨色情、暴力图片泛滥；Twitter 用户则抱怨没有看到这些内容。

6.CSDN 密码泄露，超 1 亿用户密码被泄露

CSDN 密码泄露堪称中国互联网史上最大的泄密事件，其影响还在不断扩大。2011 年 12 月 21 日，有黑客在网上公开 CSDN 网站的用户数据库，导致 600 余万个注册邮箱账号和与之对应的明文密码（用户密码什么样，网站数据库就存成什么样）泄露。22 日，人人网、天涯、开心网、多玩、世纪佳缘、珍爱网、美空网、百合网、178、7K7K 等知名网站的用户称密码遭网上公开。据统计，该事件公开暴露的网络账户密码超过 1 亿个。"泄密门"的爆出使原来潜伏在水面之下的互联网信息安全问题成为公众关注的焦点。尽管在此之前，网站密码库的泄露在技术圈内早已是公开的秘密，但一般民众并不知晓，而相关网站为了维护商誉与商业利益，也不会主动坦诚自己曾经遭遇黑客攻击。因此，从敲响网络安全警钟的角度讲，"泄密门"的爆出，对中国互联网的发展并非全无益处。

7. 央视曝光个人信息泄露网上贩卖新闻

2017 年 2 月中旬，央视曝光了一则关于个人信息泄露网上贩卖的新闻，掀起了广大市民对个人隐私被泄露的担忧，感觉到危机重重。央视记者发现贩卖个人信息的黑市在网络上十分活跃，一些信息贩子甚至公然叫卖，只要提供一个人的手机号码，就

能查到他最为私密的个人信息，包括身份户籍、婚姻关联、名下资产、手机通话记录等；甚至有信息贩子声称，可以通过三网定位（移动、联通和电信的移动网络定位），实时定位这些手机用户的位置。

8.12306 官方网站再现安全漏洞

2017 年 4 月 21 日，有媒体记者在 12306 官方网站订票时发现，当退出个人账号后，网站页面竟自动转登他人账号，且与账号相关联的身份证号、联系方式等个人信息均可见，随后记者在该页面点击常用联系人选项时，页面再次刷新并显示他人账号及账号涵盖的所有信息。而记者尝试在网站账户页面的个人信息栏等其他选项进行操作，点击进入后均得到不同的个人身份信息。

9.WPA2 协议漏洞曝出协议层缺陷

2017 年 10 月，越来越普及的 WiFi，在标准协议上曝出了逻辑缺陷，导致几乎所有支持 WPA/WPA2 加密的无线设备都面临着入侵威胁，引发了全民关注。被发现的 WPA2 协议漏洞，主要针对 WiFi 接入的客户端（如手机、平板、笔记本电脑等）设备，可通过密钥重装攻击，诱发上述客户端进行密钥重装操作，以完成相互认证，进而实现 WAP2 加密网络的破解。

10. 席卷全球的勒索风暴——WannaCry 勒索病毒全球爆发

2017 年 5 月 12 日，WannaCry 勒索病毒事件全球爆发，以类似于蠕虫病毒的方式传播，攻击主机并加密主机上存储的文件，然后要求以比特币的形式支付赎金。

WannaCry 爆发后，至少 150 个国家、30 万名用户中招，造成损失达 80 亿美元，已经影响到金融、能源、医疗等众多行业，造成严重的危机管理问题。中国部分 Windows 操作系统用户遭受感染，校园网用户首当其冲，受害严重，大量实验室数据和毕业设计被锁定加密。部分大型企业的应用系统和数据库文件被加密后，无法正常工作，影响巨大。

在国内，360 在 NSA 黑客武器泄露后第一时间发布了 NSA 武器库免疫工具，这使其能从容应对随后爆发的 WannaCry 勒索病毒，据称安装使用 360 安全卫士的用户没有一例中招，在此次对抗勒索病毒战役中成为最大赢家。

11. 网络安全影响政治风向：美国 2 亿选民资料泄露 马克龙深陷"邮件门"

2017 年 6 月，安全研究人员发现有将近 2 亿人的投票信息泄露，主要是由于美国共和党全国委员会的承包商误配置数据库所导致。泄露的 1.1TB 数据包含超过 1.98 亿美国选民的个人信息，姓名、出生日期、家庭地址、电话号码、选民登记详情等。Up-Guard 表示，这个数据存储库"缺乏任何数据访问保护"，任何可以访问互联网的人都可以下载这些数据。

而这种牵扯到政治的安全事件不止如此，仅仅一个月之后，维基解密在其网站上公布了超过 2.1 万封电子邮件，这些"经过验证"的邮件内容涉及现任法国总统马克龙的团队及其总统竞选过程，一时间，"邮件门"阴云再次笼罩巴黎。

第二节　网络安全概念的演变

现今，全世界的计算机都通过 Internet 联结到一起，信息资源共享给人们的工作和生活带来了极大便利，但同时信息安全的内涵也发生了根本的变化。随着斯诺登"棱镜门"事件的不断发酵，信息安全特别是网络安全，更加让我们重视和提高警惕。它不仅从一般性的防卫变成了一种非常普通的防范，而且还从一种专门的领域变得无处不在。如今，网络安全问题已经成为世界热点问题之一，其重要性更加突出，不仅关系到企业的顺利发展及用户资产和信息资源的风险，也关系到国家安全和社会稳定，并成为热门研究和人才需求的新领域。

网络安全的威胁触目惊心。21 世纪是信息时代，信息成为国家的重要战略资源。世界各国都不惜巨资，优先发展和强化网络安全。强国推行信息垄断和强权，倚仗信息优势控制弱国的信息技术。正如美国未来学家托尔勒所说："谁掌握了信息，谁控制了网络，谁就将拥有整个世界。"科技竞争的重点是对信息技术这一制高点的争夺。据 2013 年 6 月日本《外交学者》报道，即使美国监控各国网络信息的"棱镜门"事件已经引起世界轰动，印度政府仍在进行类似的项目。信息、资本、人才和商品的流向逐渐呈现出以信息为中心的竞争新格局。网络安全成为决定国家政治命脉、经济发展、军事强弱和文化复兴的关键因素。

第一，信息安全及网络安全的概念。

目前，国内外对信息安全尚无统一确切的定义。国际标准化组织提出信息安全的定义是：为数据处理系统建立和采取的技术及管理保护，保护计算机硬件、软件、数据不因偶然及恶意的原因而遭到破坏、更改和泄露。

我国《计算机信息系统安全保护条例》定义信息安全为：计算机信息系统的安全保护，应当保障计算机及其相关的配套设备、设施（含网络）的安全，运行环境的安全，保障信息的安全，保障计算机功能的正常发挥，以维护计算机信息系统安全运行。主要防止信息被非授权泄露、更改、破坏或使信息被非法的系统辨识与控制，确保信息的完整性、保密性、可用性和可控性。

第二，网络安全的发展过程。

网络安全概念的出现远远早于计算机的诞生，但计算机的出现，尤其是网络出现以后，信息安全变得更加复杂，更加"隐形"了。现代信息安全区别于传统意义上的信息介质安全，是专指电子信息的安全。

随着 IT 技术的发展，各种信息的电子化更加便于信息获取、携带与传输。相对于传统的信息安全保障，现代信息安全需要更加有力的技术保障，而不单单是对接触信息的人和信息本身进行管理，介质本身的形态已经从"有形"转变到"无形"。在以计算机网络为支撑的业务系统中，正常业务的处理人员都有可能接触、获取这些信息，信息的流动是隐形的，对业务流程的控制就成了保障涉密信息的重要环节。

从网络安全的发展历程来看，安全保障的理念分为下面几个阶段。

1. 面向信息的安全保障

计算机网络刚刚兴起时，各种信息陆续电子化，各个业务系统相对比较独立，需要交换信息时往往是通过构造特定格式的数据交换区或文件方式来实现，这个阶段从计算机诞生一直延续到互联网兴起的 20 世纪 90 年代末期。

面对信息的安全保障，体现在对信息的产生、传输、存储、使用过程中的保障，主要技术是信息加密，即保障信息不外露在"光天化日"之下。因此，信息安全保障设计的理念是以风险分析为前提（如 ISO133335 风险分析模型），找到系统中的"漏洞"，分析漏洞可能带来的威胁，评估"堵上"漏洞的成本，再"合理"地"堵上"漏洞，威胁也就消失了。

然而风险的大小、漏洞的危害程度是随着攻击技术的发展而变化的，在大刀长矛的冷兵器时代，敌人在几十米外你就是安全的；到了大炮、机枪的火器年代，几百米、几十千米都可能成为攻击的对象；而到了激光、导弹的现代，即使你在地球的另一端，也可能随时成为被攻击的对象。所以面向信息的安全，分析漏洞往往是随着攻击技术发展、入侵技术的进步而变化的，一句话，就是被动地跟着攻击者的步调，建立自己的防御体系，是被动的防护。更为严峻的是，随着攻击技术的发展，你与"敌人"的"安全距离"越来越大，这就需要你具有更强大的监控力，因为监控不到敌人的动向，安全就无从谈起。

在信息安全阶段，安全技术一般采用防护技术加上人员的安全管理，出现得最多的是防火墙、加密机等，但大多边界上的防护技术都属于识别攻击特征的"后升级"防护方式，也就是说，你在攻击者来之前升级了，就可以防止他的入侵；若没有来得及升级，或者没有可升级的"补丁"，你的系统就危险了。加密技术的暴力破解技术也随着计算机的发展而发展，加密系统的密钥也越来越长。

2. 面向业务的安全保障

如果说对信息的保护主要还是从传统安全理念到信息化安全理念的转变，那么面对业务的安全，就完全是从信息化的角度考虑信息的安全。到 2005 年，互联网已经深入社会的各个角落，网络成了人们工作与生活的"信息神经"，人们发现各种工作已经从传统的管理模式，进入"无纸化"办公时代，此时计算机的故障、网络的中断已经不再是 IT 管理部门的小事件，往往是整个企业的大故障；有些金融、物流、交通等企业，网络的故障完全可以导致企业业务的中断，甚至导致企业的停业。

此时，需要保护的信息不再只是某些文件，或者某些特殊权限目录的管理，而是用户的访问控制、系统服务的提供方式；也不再只是信息，而是整个业务系统，以及业务的 IT 支撑环境。业务本身的安全需求，超过了信息的安全需求，安全保障自然也就需要从业务流程的控制角度考虑了，这个阶段我们称为面向业务的安全保障。

系统性的安全保障理念不仅是关注系统的漏洞，而且从业务的生命周期入手，对业务流程进行分析，找出流程中的关键控制点，从安全事件出现的前、中、后三个阶段进行安全保障。具体的保障设计——"花瓶模型"给了我们一个清晰的设计框架，把安全保障分为防护技术、监控手段和审计威慑三个部分，其中防护技术沿用信息安全的防护理念，同时针对"防护总落后于攻击"的现状，全面实施系统监控，对系统内各个角落的情况动态收集并掌握，任何"风吹草动"都能及时察觉，即使有危害也可以降到最低程度，攻击没有了"战果"，也就达到了防护的目的；另外，针对网络事件的起因多数是内部人员，采用审计技术是震慑不法分子恶意滋生的"武器"。

面向业务的安全保障不只是建立防护屏障，而是建立一个立体的"陆海空"防护体系，通过更多的技术手段把安全管理与技术防护联系起来，不再被动地保护自己，而是主动地防御攻击；也就是说，面向业务的安全保障已经从被动走向主动，安全保障理念从风险承受模式走向安全保镖模式。

3. 面向服务的安全保障

随着网络上业务系统越来越多，各个业务系统的边界逐渐模糊，系统间需要相互融合，数据需要互通交换，若能把多个业务系统的开发与运营统一到一个管理平台上来，不仅方便新业务的开发，而且可以缓解日益严重的运营维护危机，此时 Web2.0 技术出现了。它不仅继承了客户端维护的 B/S 架构，而且可以以方便交互的方式促使业务模式的开发，很多软件公司把它作为 SOA（面向服务的架构）的实现基础。

SOA 是一个面向业务用户角度的开发构架，面向服务就是从最终用户的角度看待业务，IT 部门就是提供这种服务来支撑用户的各种业务流程实现。Web2.0 是支撑其实现的一个技术，而 SOA 的真正意图是"生产"出业务实现的各种标准，构建一方便的"软件积木"，在实现新业务时，只要利用"积木"重新构造一下就可以了。这不仅可以大大降低开发的工作量，也大大提高了开发效率，提高了企业的敏捷性。

业务中的"流程片段"，或者是流程组件打包，实现软件开发不再是专业软件人员的工作，而是业务使用人员的"自助式组装"，实现软件开发的 DIY（do it yourself）。所以，SOA 思想是软件业真正把软件推广为"全民化"的梦想。

软件开发的模式改变了，对业务流程的分析方式也就不同了。因为"流程片段"对于使用者来说，是"组件积木"，也就是只关心其外部功能的"黑箱"，安全保障不仅是组件间的环节控制，对组件本身的安全同样需要。对单个业务的安全保障需求演变为对多个业务交叉系统的综合安全需求，IT 基础设施与业务之间的耦合程度逐渐降低，安全也分解为若干单元，安全不再面对业务本身，而是面对使用业务的客户，具体来说，就是用户在使用 IT 平台承载业务的时候，涉及该业务安全保障。由此，安全保障也从面向业务发展到面向服务。

面向服务的安全保障还有一层含义，随着业务的增多，IT 支撑平台成为公共的技术设施，安全的保障也分为公共网络的基础安全与业务本身的控制安全，而这两种安全需要有机结合，最终都是为了一个目标，就是为客户提供安全、可靠的业务服务。

随着科学技术的发展，网络信息安全技术也进入了高速发展的时期，人们对信息安全的需求也从单一的通信保密发展到各种各样的信息安全产品、技术手段等多方面。总体来说，信息安全技术在发展过程中经历了以下 4 个阶段。

（1）通信保密

20 世纪 40 年代至 70 年代，通信技术还不发达，面对电话、电报、传真等信息交换过程中存在的安全问题，比如：有线通信容易被搭线窃听，无线通信由于电磁波在空间传播易被监听"这使得保密成为通信安全阶段的核心安全需求"，因此，这一阶段主要是通过密码技术加密通信内容，保证数据的保密性和完整性，对安全理论和技术的研究也只侧重于密码学，这一阶段的信息安全可以简单地称为通信安全，即 COMSEC。

这个阶段的标志性第件是：I949 年 Shannon 发表的《保密通信的信息理论》将密码学纳入了科学的轨道；美国国家标准协会在 1977 年公布了《国家数据加密标准》，这时人们关心的只是通信安全，重点是通过密码技术解决通信保密问题，而且主要的关心对象是军方和政府。

当时，美国政府和一些大公司已经认识到了计算机系统的脆弱性。但是，当时计算机使用范围不广，再加上美国政府将其当作敏感问题而施加控制，因此，有关计算机安全的研究一直局限在比较小的范围。

（2）计算机安全

20 世纪 80 年代后，计算机的性能迅速提高，应用范围不断扩大，计算机和网络技术的应用进入实用化和规模化阶段，人们利用通信网络把孤立的计算机系统连接起来并共享资源，信息安全问题也逐渐受到重视。人们对安全的关注已经逐渐扩展为以保密性、完整性和可用性为目标的计算机安全阶段，即 COMPSEC。

这一时期的标志是美国国防部在 1983 年出版的《可信计算机系统评价准则》，为计算机安全产品的评测提供了测试方法，指导信息安全产品的制造和应用。美国国防部 1985 年再版的《可信计算机系统评价准则》（又称橙皮书）使计算机系统的安全性评估有了一个权威性的标准。

这个阶段的重点是确保计算机系统中的软、硬件及信息在处理、存储、传输中的保密性、完整性和可用性。安全威胁已经扩展到非法访问、恶意代码、口令攻击等。

（3）信息系统安全

信息系统是由计算机及其相关和配套的设备、设施（含网络）构成的，按照一定的应用目标和规则对信息进行采集、加工、存储、传输、检索等处理的人机系统。

20 世纪 90 年代，主要安全威胁发展到网络入侵、病毒破坏、信息对抗的攻击等，网络安全的重点放在确保信息在存储、处理、传输过程中及信息系统不被破坏，确保合法用户的服务和限制非授权用户的服务，以及必要的防御攻击的措施。

1994 年 8 月 1 日，由于一只松鼠在通过位于康涅狄格网络主计算机附近的一条电话线路上挖洞，造成电源紧急控制系统损坏，NASDAQ 电子交易系统暂停近 34 分钟。

信息系统安全的主要保护措施包括防火墙、防病毒软件、漏洞扫描、入侵检测、

PKI、VPN 等措施；这一时期的主要标志是在 1993—1996 年美国国防部在 TCSEC 的基础上提出了新的安全评估准则《信息技术安全通用评估准则》，简称 CC 标准 1996 年 12 月，ISO 采纳 CC，并作为国际标准 ISO/IEC15408 发布。2001 年，我国将 ISO/IEC15408 等同转化为国家标准 GB/T 18336-2001《信息技术安全性评估准则》。

（4）网络空间安全

20 世纪 90 年代后期，随着电子商务等的发展，网络安全衍生出了诸如可控性、抗抵赖性、真实性等其他原则和目标。此时对安全性有了新的需求：可控性，即对信息及信息系统实施安全监控管理；抗抵赖性，即保证行为人不能否认自己的行为。信息安全也转化为从整体角度考虑其体系建设的信息保障阶段，也称为网络信息系统安全阶段。

这一时期，在密码学方面，公开密钥密码技术得到了长足发展，著名的 RSA 公开密钥密码算法获得了广泛应用，用于完整性校验的散列函数的研究也越来越多，此时主要的保护措施包括防火墙、防病毒软件、漏洞扫描、入侵检测系统、PK1、VPN 等。此阶段中，信息安全受到空前的重视，各个国家分别提出自己的信息安全保障体系，1998 年，美国国家安全局制定了《信息保障技术框架》，提出了"深度防御策略"，确定了包括网络与基础设施防御、区域边界防御、计算环境防御和支撑性基础设施的深度防御目标。面对日益严峻的国际网络空间形势，我们也立足国情，创新驱动，解决受制于人的问题。坚持纵深防御，构建牢固的网络安全保障体系。

第三节　网络安全风险管理

随着 Intemet 的飞速发展及网络应用的扩大，网络安全风险也变得非常严重和复杂。原先由单机安全事故引起的故障通过网络传给其他系统和主机，可造成大范围的瘫痪，再加上安全机制的缺乏和防护意识不强，网络风险日益加重。

然而，风险的大小，与资产、威胁、脆弱性这三个引起风险的最基本要素有关。资产具有脆弱性，资产的脆弱性可能暴露资产，资产具有的脆弱性越多则风险越大。威胁则是引发风险的外在因素，资产面临的威胁越多则风险越大。安全威胁是指某个人、物、事件或概念对某一资源的机密性、完整性、可用性或合法性所造成的危害。某种攻击就是某种威胁的具体实现。安全威胁可分为故意的（如黑客渗透）和偶然的（如信息被发往错误的地址）两类。故意威胁又可进一步分为被动和主动两类。安全攻击是指对于计算机或网络安全性的攻击，最好是通过在提供信息时查看计算机系统的功能来记录其特性。

我国网络遭受攻击近况。根据国家互联网应急中心抽样监测结果和国家信息安全漏洞共享平台发布的数据，2014 年 1 月 20 ~ 26 日，境内被篡改网站数量为 4781 个；境内被植入后门的网站数量为 2031 个；针对境内网站的仿冒页面数量为 258 个。该周境内被篡改政府网站数量为 385 个；境内被植入后门的政府网站数量为 72 个；针对境内网站的仿冒页面涉及域名 259 个。该周境内感染网络病毒的主机数量约为 60.3 万个，其中，包括境内被木马或被僵尸程序控制的主机约 30.2 万个，以及境内感染飞客（Conficker）蠕虫的主机约 30.1 万个。

一、基础概念

1. 网络安全风险产生的原因

网络应用给人们带来了快捷与便利，但随之而来的网络安全风险也变得更加严重和复杂。原来由单个计算机安全事故引起的损害可能传播到其他系统和主机，引起大范围的瘫痪和损失；加上缺乏安全控制机制和对网络安全政策及防护意识的认识不足，这些风险正日益加重。影响网络不安全的因素有很多，总结起来主要有以下三种类型：

第一，硬件：比如，服务器故障、线路故障等；

第二，软件：不安全的软件服务，分为人为和非人为因素；

第三，网络操作系统：不安全的协议，比如，TCP、IP 协议本身就是不安全的。

（1）开放性的网络环境

正如一句非常经典的话："Internet 的美妙之处在于你和每个人都能互相连接，Internet 的可怕之处在于每个人都能和你互相连接。"

网络空间之所以易受攻击，是因为网络系统具有开放、快速、分散、互联、虚拟、脆弱等特点。网络用户可以自由访问任何网站，几乎不受时间和空间的限制。信息传输速度极快，因此，病毒等有害信息可在网上迅速扩散和放大。网络基础设施和终端设备数量众多，分布地域广阔，各种信息系统互联互通，用户身份和位置真假难辨，构成了一个庞大而复杂的虚拟环境。此外，网络软件和协议存在许多技术漏洞，使攻击者有了可乘之机。这些特点都给网络空间的安全管理造成了巨大困难。例如，2017年 5 月发生的"永恒之蓝"勒索病毒事件就是一次例证，当时病毒突袭了全球 150 多个国家，许多用户的电脑被病毒锁定，无法正常使用。此次勒索病毒的传播速度极快，破坏性之大、影响范围之广，是互联网历史上十分罕见的例子。

Internet 是跨国界的，这意味着网络的攻击不仅仅来自本地网络的用户，也可以来自 Internet 上的任何一台机器。Internet 是一个虚拟的世界，所以无法得知联机的另一端是谁。网络建立初期只考虑方便性、开放性，并没有考虑总体安全构想；因此，任何一个人、团体都可以接入，网络所面临的破坏和攻击可能是多方面的。例如，既可能是对物理传输线路的攻击，也可能是对网络通信协议及应用的攻击；既可能是对软件的攻击，也可能是对硬件的攻击。

（2）协议本身的脆弱性

2016 年发生的 Mirai 僵尸网络攻击，导致美国东海湾岸大面积断网。2017 年 4 月，我国也出现了控制大量物联网设备的僵尸网络 HTTP81，该僵尸网络感染控制了超过

5 万台网络摄像头。这意味着 HTTP81 一旦展开 DDoS 攻击，国内互联网可能成为重灾区，其他国家和地区也不能完全排除受感染或受攻击的可能性。网络传输离不开通信协议，而这些协议也有不同层次、不同方面的漏洞，针对 TCP/IP 等协议的攻击非常多，在以下几个方面都有攻击的案例。

1）网络应用层服务的安全隐患。例如，攻击者可以利用 FTP、Login、Finger、Whois、www 等服务来获取信息或取得权限。

2）IP 层通信的易欺骗性。由于 TCP/IP 本身的缺陷，IP 层数据包是不需要认证的，攻击者可以假冒其他用户进行通信，此过程即 IP 欺骗。

3）针对 ARP 的欺骗性。ARP 是网络通信中非常重要的协议。基于 ARP 的工作原理，攻击者可以假冒网关，阻止用户上网，此过程即 ARP 欺骗。近一年来，ARP 攻击更是与病毒结合在一起，破坏网络的连通性。

4）局域网中，以太网协议的数据传输机制是广播发送，使系统和网络具有易被监视性。在网络上，黑客能用嗅探软件监听到口令和其他敏感信息。

（3）操作系统的漏洞

在计算机领域漏洞特指系统安全方面存在不足的地方，一般被定义为信息系统的设计、编码和运行当中引起的、可能被外部利用用于影响信息系统机密性、完整性、可用性的缺陷。首先，漏洞来自操作的缺陷；其次，漏洞来自认知的缺陷；最后，漏洞来自知识缺陷。网络离不开操作系统，操作系统的安全性对网络安全同样有非常重要的影响，有很多网络攻击方法都是从寻找操作系统的缺陷入手的。操作系统的缺陷有以下几个方面。

1）系统模型本身的缺陷。这是系统设计初期就存在的，无法通过修改操作系统程序的源代码来弥补。

2）操作系统程序的源代码存在漏洞。操作系统也是一个计算机程序，任何程序都会有 Bug，操作系统也不例外。例如，冲击波病毒针对的就是 Windows 操作系统的 RPC 缓冲区溢出漏洞。那些公布了源代码的操作系统所受到的威胁更大，黑客会分析其源代码，找到漏洞进行攻击。

3）操作系统程序的配置不正确。许多操作系统的默认配置安全性很差，进行安全配置比较复杂，并且需要一定的安全知识，许多用户并没有这方面的能力，如果没有正确地配置这些功能，也会造成一些系统的安全缺陷。

Microsoft 公司在 2010 年发布了 106 个安全公告，修补了 247 个操作系统的漏洞，比 2009 年多 57 个。漏洞的大量出现和不断快速增加补丁是网络安全总体形势趋于严峻的重要原因之一。不仅仅操作系统存在这样的问题，其他应用系统也一样。例如，微软公司在 2010 年 12 月推出 17 款补丁，用于修复 Windows 操作系统、IE 浏览器、Office 软件等存在的 40 个安全漏洞。在我们实际的应用软件中，可能存在的安全漏洞更多。

（4）数据存在泄露风险

随着人工智能和物联网的发展，越来越多的 AI 技术与 IoT 被应用于生活生产中，越来越多的数据及敏感数据流入网络平台，这无疑增加了数据泄露事件发生的可能性。一方面，互联网和智能手机让人们的生活变得越来越方便；另一方面，其"头顶却悬挂着达摩克利斯之剑"，比如，病毒、木马、安全漏洞、数据泄露等。当我们尽享技术带来的美好生活时，许多事情的发生却一次次地"提醒人们"新技术带来的负面性。例如，2018 年 6 月，特斯拉（Tesla）起诉了一名前员工，称其盗取了该公司的商业机密并且向第三方泄露了大量公司内部数据，这些泄露包括数十份有关特斯拉的生成制造系统的机密照片。

（5）人为因素

许多公司和用户的网络安全意识薄弱、思想麻痹，这些管理上的人为因素也影响了网络安全。

根据研究，针对企业的攻击中，有三分之一（28%）都在源头上使用了钓鱼 / 社交工程攻击手段。例如，一名粗心大意的会计人员很可能会打开一个伪装成发票的恶意文件，尽管这个文件看上去是来自某个承包商。这样做，可能导致整个企业的基础设施关闭，使得这名会计成为攻击者的同谋，尽管他自己对此并不知情。

在安全技术方面，大多数针对不知情或粗心大意的员工的威胁，包括钓鱼攻击，都可以通过终端安全解决方案来应对。这些解决方案可以满足中小企业和大型企业在功能、预设保护和高级安全设置方面的需求，最大限度地减少企业面临的风险。

2. 形成网络安全风险的主要因素

在过去的几年中，网络安全各类事件频频发生。美国监控"棱镜门"事件让世界网民震惊，也惊醒了中国信息安全产业最弱神经，自主可控被提到前所未有的高度，数据泄露在各领域频繁上演，Java 漏洞、Struts 系统高危漏洞和路由器后门漏洞，以其影响面之广、危害之大特别令人担忧，拒绝服务攻击愈演愈烈，出现了史上流量最大的攻击，手机安卓系统安全问题频出，高级持续性威胁攻击也渐显扩张态势。

随着计算机网络的广泛应用，人们更加依赖网络系统，同时也出现了各种各样的安全问题，致使网络安全风险更加突出。认真分析各种风险和威胁的因素和原因，对于更好地防范和消除风险，确保网络安全极为重要。

归纳起来，网络安全风险形成的因素主要有以下几种：

（1）软件系统的漏洞和隐患

软件系统人为设计与研发无法避免地遗留了一些漏洞和隐患，随着软件系统规模的不断增大，系统中的安全漏洞或后门隐患难以避免，包括常用的操作系统，都存在一些安全漏洞，而且各种服务器浏览器、桌面系统软件也都存在各种安全漏洞和隐患。每一个操作系统或网络软件的出现都不可能是无缺陷、无漏洞的。这就使得计算机处于危险的境地，一旦连接入网，不可避免地将会成为众矢之的。

（2）网络系统本身的缺陷

国际互联网最初的设计考虑是该网不会因局部故障而影响信息的传输，基本没有考虑安全问题，由于网络的共享性、开放性和漏洞，致使网络系统和信息的安全存在很大风险和隐患，而且网络传输的 TCP/IP 协议簇缺乏安全机制，所以互联网在安全可靠、服务质量、带宽和方便性等方面都存在着一定的风险。

（3）配置不当

安全配置不当造成安全漏洞。例如，防火墙软件的配置不正确，使得它根本不起作用。对特定的网络应用程序，当它启动时，就打开了一系列的安全缺口，许多与该软件捆绑在一起的应用软件也会被启用。除非用户禁止该程序或对其进行正确配置，否则，安全隐患始终存在。

（4）安全意识不强

目前，网络安全还存在许多认知盲区和制约因素。网络是新事物，许多人一接触就忙于学习、工作和娱乐，根本没有时间考虑网络信息的安全性。他们的安全意识相当薄弱，对网络信息不安全这一事实认识不足。用户口令选择不慎，或将自己的账号随意转借他人，或与别人共享等都会给网络安全带来威胁。

（5）病毒

数据安全的头号大敌是计算机病毒。计算机病毒是编制者在计算机程序中插入的破坏计算机功能或数据，影响计算机软件、硬件的正常运行，并且能够自我复制的一组计算机指令或程序代码。计算机病毒具有传染性、寄生性、隐蔽性、触发性、破坏性等特点。因此，加强对病毒的防范刻不容缓。

（6）黑客攻击及非授权访问

对于计算机数据安全构成威胁的另一方面来自计算机黑客（Hacker）。计算机黑客利用系统中的安全漏洞非法进入他人计算机系统，其危害性非常大。从某种意义上讲，黑客对信息安全的危害甚至比一般的计算机病毒更为严重。由于黑客攻击的隐蔽性强、防范难度大、破坏性强，已经成为网络安全的主要威胁。实际上，目前针对网络攻击的防范技术滞后，而且还缺乏极为有效的快速侦查跟踪手段，由于强大利益链的驱使，黑客技术逐渐被更多的人掌握。目前，据不完全统计，世界上有几十万个黑客网站，介绍一些攻击方法、系统漏洞扫描和攻击工具软件的使用方法等，致使网络系统和站点遭受攻击的可能性增大。

2014 年初，IT 技术和变革将进一步深入发展，网络安全威胁也将出现新的变化，安全产业由此加速转型。预计移动安全、大数据、云安全、社交网络、物联网等话题仍将热度不减。针对性攻击将变得更加普遍，云端数据保护压力变得更大，攻击目标将向离线设备延伸，甚至利用计算机及其网络相关部件在脱网状态下远程控制，围绕社交网络展开的网络欺诈数量也将继续增加。各种变化表明，在现代的网络世界中，需要以更积极主动的方式应对新的威胁，并且有效地保护和管理信息。

云计算、移动互联、物联网、自防御网络、新型网络创新架构的软件定义网络、大数据等技术的应用，带来了安全技术的新一轮变革。网络威胁的不断演进，也促使安全防御走向新的发展阶段。新技术受到了广泛关注，运用大数据进行安全分析，实现智能安全防护、APT检测和防御技术、移动设备和数据安全防护、云数据中心安全防护等。不容忽视的是，网络安全厂商与用户对技术的关注点依然冷热不均，用户对一些新技术的理解和接受尚需时日。

云计算在企业风险管理方面有利有弊。这些因素包括如下几个：公有云和托管私有云等各种情况带来的风险；对资产和相关流程的物理控制较少，不实际控制基础设施或云计算提供者的内部流程；由于缺乏日常的可视性或管理方法，对合同、审计和评估有更大的依赖性；云提供商还不断发展他们的产品和服务，保持竞争力，这些持续的创新可能会超过最初的合同范围，对合同带来变化，或没有包括在现有的协议和评估范围中；云客户没有外包管理风险的责任，但一定可以外包一些风险管理措施的实施。

3. 网络风险形成的途径

掌握网络安全威胁的现状及途径，有利于更好地掌握网络安全的重要性、必要性和重要的现实意义，有助于深入讨论和强化网络安全。

据国家互联网应急中心（CNCERT）的数据显示，中国遭受境外网络攻击的情况日趋严重。CNCERT抽样监测发现，2013年1月1日至2月28日，境外6747台木马或僵尸网络控制服务器控制了中国境内190余万台主机；其中，位于美国的2194台控制服务器控制了中国境内128.7万台主机，无论是按照控制服务器数量还是按照控制中国主机数量排名，美国都名列第一。

目前，随着信息技术的快速发展和广泛应用，国内外网络被攻击或病毒侵扰等威胁的状况，呈现出上升的态势，威胁的类型及途径变化多端。一些网络系统及操作系统和数据库系统、网络资源和应用服务都成为黑客攻击的主要目标。当前，网络的主要应用包括电子商务、网上银行、股票证券、网游、下载软件或流媒体等，都存在大量安全隐患。一是这些网络应用本身的安全性问题，特别是开发商都将研发的产品发展成更开放、更广泛的支付/交易营销平台、网络交流社区，用户名、账号和密码等信息成为黑客的主要目标；二是这些网络应用也成为黑客攻击、病毒传播等威胁的主要途径。

4. 网络安全威胁的类型

在当今飞速发展的信息化建设的时代，尤其以通信、计算机、网络、云计算、大数据为代表的互联网技术更是日新月异，令人目不暇接。由于信息化时代的快速发展，网络安全在新时代占据着越来越重要的位置。但伴随着技术的发展和进步，网络信息安全问题已变得日益突出。因此，了解网络面临的各种威胁，采取有力措施，防范和消除这些隐患，是值得各个领域关注的一个焦点。

面对以上众多的威胁，势必采取一些有效的措施来规避风险，从技术角度可以采取信息加密技术、安装防病毒软件和防火墙、使用路由器和虚拟专用网技术；从构建信息安全保密体系角度，可以采取一些信息安全保密体系框架、信息安全保密服务支持体系、信息安全保密的标准规范体系、信息安全保密技术的防范体系、信息安全保密的管理保障体系，以及信息安全保密的工作能力体系。

二、网络安全要素及相互关系

1. 网络安全的主要涉及要素

在 Internet 中，网络安全的概念和日常生活中的安全一样常被提及，而"网络安全"到底包括什么，具体又涉及哪些技术，大家却未必清楚，可能会认为"网络安全"只是防范黑客和病毒。其实，网络安全是一门交叉学科，涉及多方面的理论和应用知识。除了数学、通信、计算机等自然科学外，还涉及法律、心理学等社会科学，是一个多领域的复杂系统。只有确保了网络数据的可用性、完整性和保密性，才能够使网络系统更好地运行。

网络安全涉及上述多种学科的知识，而且随着网络应用的范围越来越广，以后涉及的学科领域有可能会更加广泛。通常，网络安全的内容从技术方面包括操作系统安全、数据库安全、网络站点安全、病毒与防护、访问控制、加密与鉴别等几个方面。一般地，从层次结构，也可以将网络安全涉及的内容分为如下 5 个方面。

（1）物理安全

物理安全又称实体安全，指保护计算机网络设备、设施及其他媒介免遭地震、水灾、火灾、有害气体、盗窃和其他环境事故破坏的措施及过程。保证计算机信息系统各种设备的物理安全，是整个计算机信息系统安全的前提，是信息安全的基础，包括机房安全、场地安全、机房环境（温度、湿度、电磁、噪声、防尘、静电及振动等）、建筑安全（防火、防雷、围墙及门禁安全）、设施安全、设备可靠性、通信线路安全性、辐射控制与防泄露、动力、电源/空调、灾难预防与恢复等。

物理安全主要包括以下 3 个方面：

1）环境安全：对系统所在环境的安全保护，如区域保护和灾难保护。

2）设备安全：主要包括设备的防盗、防毁、防电磁信息辐射泄露、防止线路截获、抗电磁干扰及电源保护等。

3）媒体安全：包括媒体数据的安全及媒体本身的安全。

（2）网络安全

网络安全包括计算机网络运行和网络访问控制的安全，如设置防火墙实现内外网的隔离、备份系统实现系统的恢复。运行安全包括内外网的隔离机制、应急处置机制和配套服务、网络系统安全性监测、网络安全产品运行监测、定期检查和评估、系统升级和补丁处理、跟踪最新安全漏洞、灾难恢复机制与预防、安全审计、系统改造、网络安全咨询等。

在网络安全中，在内部网与外部网之间，设置防火墙实现内外网的隔离和访问控制，是保护内部网安全的最主要措施，同时也是最有效、最经济的措施之一。网络安全检测工具通常是一个网络安全性的评估分析软件或者硬件，用此类工具可以检测出系统的漏洞或潜在的威胁，以达到增强网络安全性的目的。

备份系统为一个目的而存在，即尽可能快地全面恢复运行计算机系统所需的数据和系统信息。备份不仅在网络系统硬件故障或人为失误时起到保护作用，也能在入侵者非授权访问或对网络攻击及破坏数据完整性时起到保护作用，同时也是系统灾难恢复的前提之一。

（3）系统安全

系统安全主要包括操作系统安全、数据库系统安全和网络系统安全。主要以网络系统的特点、实际条件和管理要求为依据，通过有针对性地为系统提供安全策略机制、保障措施、应急修复方法、安全建议和安全管理规范等，确保整个网络系统的安全运行。一般来说，人们对网络和操作系统的安全很重视，对数据库的安全则不够重视，其实数据库系统也是一款系统软件，与其他软件一样需要保护。

（4）应用安全

应用安全由应用软件开发平台的安全和应用系统的数据安全两部分组成。应用安全包括业务应用软件的程序安全性测试分析、业务数据的安全检测与审计、数据资源访问控制验证测试、实体的身份鉴别检测、业务现场的备份与恢复机制检查、数据的唯一性/一致性/防冲突检测、数据的保密性测试、系统的可靠性测试和系统的可用性测试等。

应用安全建立在系统平台之上，人们普遍重视系统安全，而忽视应用安全，主要原因包括两个方面：第一，对应用安全缺乏认识；第二，应用系统过于灵活，需要较高的安全技术。网络安全、系统安全和数据安全的技术实现有很多固定的规则，应用安全则不同，客户的应用往往都是独一无二的，必须投入相对更多的人力、物力，而且没有现成的工具，只能根据经验来手动完成。

（5）管理安全

管理安全也称安全管理，主要指对人员及网络系统安全管理的各种法律、法规、政策、策略、规范、标准、技术手段、机制和措施等内容。管理安全包括法律法规管理、政策策略管理、规范标准管理、人员管理、应用系统使用管理、软件管理、设备管理、文档管理、数据管理、操作管理、运营管理、机房管理、安全培训管理等。

安全是一个整体，完整的安全解决方案不仅包括物理安全、网络安全、系统安全和应用安全等技术手段，还需要以人为核心的策略和管理支持。网络安全至关重要的往往不是技术手段，而是对人的管理。

这里需要谈到安全遵循的"木桶原理"，即一个木桶的容积决定于最短的一块木板，一个系统的安全强度等于最薄弱环节的安全强度。无论采用了多么先进的技术设备，只要安全管理上有漏洞，那么这个系统的安全一样没有保障。在网络安全管理中，专家们一致认为是"30%的技术，70%的管理"。同时，网络安全不是一个目标，而是一个过程，且是一个动态的过程。这是因为制约安全的因素都是动态变化的，必须通过一个动态的过程来保证安全。例如，Windows 操作系统经常公布安全漏洞，在没有发现系统漏洞前，大家可能认为自己的网络是安全的，实际上，系统已经处于威胁之中了，所以要及时地更新补丁。从 Windows 安全漏洞被利用的周期变化中可以看出：随着时间的推移，公布系统补丁到出现黑客攻击工具的速度越来越快。

到 2006 年与安全漏洞关系密切的"零日攻击"现象在 Internet 上显著增多。"零日攻击"是指漏洞公布当天就出现相应的攻击手段。例如，2006 年出现的"魔波蠕虫"（利用 MS06-040 漏洞）及利用 Word 漏洞（MS06-011 漏洞）的木马攻击等。2009 年"暴风影音"最新版本出现的"零日漏洞"已被黑客大范围应用。"零日漏洞"于 4 月 30 日被首次发现，其存在于暴风影音 ActiveX 控件中。该控件存在远程缓冲区溢出漏洞，利用该漏洞，黑客可以制作恶意网页，用于完全控制浏览者的计算机或传播恶意软件。

安全是相对的。所谓安全，是指根据客户的实际情况，在实用和安全之间找一个平衡点。

总体来看，网络安全涉及网络系统的多个层次和多个方面；同时，也是动态变化的过程。网络安全实际上是一项系统工程，既涉及对外部攻击的有效防范，又包括制定完善的内部安全保障制度；既涉及防病毒攻击，又涵盖实时检测、防黑客攻击等内容。因此，网络安全解决方案不应仅仅提供对某种安全隐患的防范能力，还应涵盖对各种可能造成网络安全问题隐患的整体防范能力；同时，还应该是一种动态的解决方案，能够随着网络安全需求的增加而不断改进和完善。

2. 网络安全要素的相互关系

在网络信息安全法律法规的基础上，以管理安全为保障，实体安全为基础，以系统安全、运行安全和应用安全确保网络正常运行与服务。

三、风险控制

网络安全是 21 世纪世界十大热门课题之一，已经成为世界关注的焦点。实际上，网络安全是个系统工程，网络安全技术需要与风险管理和保障措施紧密结合，才能更好地发挥作用。网络风险控制已经成为各种计算机网络服务与管理中的重要任务，涉及法律、法规、政策、策略、规范、标准、机制、规划和措施等，是网络安全的关键。

1. 网络风险控制的概念

网络管理，按照国际标准化组织（ISO）的定义是规划、监督、组织和控制计算机网络通信服务，以及信息处理所必需的各种活动。狭义的网络管理主要指对网络设备运行和网络通信量的管理。现在，网络管理已经突破了原有的概念和范畴，其目的是提供对计算机网络的规划、设计、操作、运行、管理、监视、分析、控制、评估和扩展的手段，从而合理地组织和利用系统资源，提供安全、可靠、有效和良好的服务。

网络管理的实质是对各种网络资源进行监测、控制、协调、故障报告等。网络管理技术是计算机网络技术中的关键技术。

　　网络风险控制，即安全管理，通常是指以网络管理对象的安全为任务和目标所进行的各种管理活动，是与安全有关的网络管理，简称安全管理。由于网络安全对网络信息系统的性能、管理的关联及影响更复杂、更密切，因此网络安全管理逐渐成为网络管理中的一个重要分支，正受到业界及用户的广泛关注。网络安全管理需要综合网络信息安全、网络管理、分布式计算、人工智能等多个领域的知识和研究成果，其概念、理论和技术正在不断发展完善之中。

　　2. 网络风险控制的内容和方法

　　（1）网络风险控制的内容

　　网络安全管理的目标是指在计算机网络的信息传输、存储与处理的整个过程中，以管理方式提供物理上、逻辑上的防护、监控、反应、恢复和对抗的能力，以保护网络信息资源的保密性、完整性、可用性、可控性和可审查性。其中，保密性、完整性、可用性是网络信息安全的基本要求。网络信息安全的这五大特征，反映了网络安全管理的具体目标要求。解决网络安全问题需要安全技术、管理、法制、宣传教育并举，从网络安全管理标准、要求、技术、策略、机制、制度、规范和方法等方面解决网络安全问题是最基本的方法。

　　网络风险控制的具体对象包括涉及的机构、人员、软件、设备、场地设施、介质、涉密信息及密钥、技术文档、网络连接、门户网站、应急恢复、安全审计等。具体可分为以下5个方面：物理安全的风险控制、网络安全的风险控制、系统安全的风险控制、应用安全的风险控制、综合管理安全的风险控制。

　　（2）风险控制实施的方法

　　风险控制实施的方法也是信息安全管理的方法，主要由风险管理方法和过程管理方法组成，并且应用于组织信息安全管理的各个阶段。

　　首先，风险管理的方法是信息安全管理的基本方法，主要体现在以下两个方面：其一，风险评估是信息安全管理的基础。通过风险评估我们能够更加清晰地了解自身面临的信息安全风险，并且从信息安全风险中提炼出信息安全需求。只有通过安全风险评估，信息安全管理的实施和管理体系的建立才更有依据。其二，风险处理是信息安全管理的核心。只有通过风险处理活动，组织的信息安全能力才会提升，信息安全需求才能被满足。

　　在进行风险处理的过程中，需要选择并且确定适当的控制目标和控制的方法。只有落实适当的网络风险控制方法，才能够更好地将那些不可接受的高风险降到最低，降到可以接受的水平之内。因此，网络风险控制最有效的方法就是采取适当的控制措施。控制措施有多种类别，从手段来讲，可以分为技术性、管理性、物理性和法律性等；从功能来看，可以分为预防性、检测性、纠正性和威慑性等控制措施；从影响范围来看，控制措施常被分为安全方针、信息安全组织、资产管理、人力资源安全、物理和环境安全、通信和操作管理、访问控制、信息系统获取开发和维护、信息安全事件管理、业务连续性管理和符合性 11 个类别。

其次，过程管理方法也是信息安全管理的基本方法。每个过程都包含若干项活动，这些活动的完成需要依赖特定的资源。每一个过程都能被拆分为若干个子过程，每个子过程又由若干个相应的子活动构成，依赖于特定的资源。主要的网络风险控制的实施，可以遵循如下 4 个基本步骤。

（1）制订规划和计划（plan）

根据要求对每个阶段都制订出具体翔实的安全管理工作计划，突出工作重点、明确责任任务、确定工作进度，形成完整的安全管理工作文件。

（2）落实执行（do）

按照具体安全管理计划开展各项工作，包括建立权威的安全机构、落实必要的安全措施、开展全员的安全培训等。

（3）监督检查（cheek）

对上述安全管理计划与执行工作，构建的信息安全管理体系进行认真符合性监督检查，并反馈报告具体的检查结果。

（4）评价行动（action）

根据检查的结果，对现有信息安全管理策略及方法进行评审、评估和总结，评价现有信息安全管理体系的有效性，采取相应的改进措施。

第六章　网络安全检测技术

计算机网络的发展及计算机应用的深入和广泛，使得网络安全问题日益突出和复杂，保障计算机网络安全逐渐成为数据通信领域产品研发的总趋势，现代网络安全成了网络专家分析和研究的热点课题。计算机网络安全检测技术就是在这种背景下被提出的，该技术研发的目的是保证计算机网络服务的可用性，以及计算机网络用户信息的完整性、保密性，本章将对网络安全检测技术进行分析。

第一节　网络安全检测技术概述

在网络安全保障体系中，仅靠系统安全防护技术是不够的，还需要通过网络安全检测技术来检测和感知当前网络系统安全状态，其检测结果可作为评估网络系统安全风险、修补系统安全漏洞、加强网络安全管理的重要依据。

目前，网络安全检测技术主要有以下几种：

1. 安全漏洞扫描技术。安全漏洞扫描技术用于检测一个网络系统潜在的安全漏洞，通过安装补丁程序及时修补安全漏洞，不给网络入侵、病毒传播可乘之机，建立健康的网络环境。

2. 网络入侵检测技术。网络入侵检测技术用于检测一个网络系统可能存在的网络攻击、入侵行为及异常操作等安全事件，为改进安全管理、优化安全配置、修补安全漏洞及追查攻击者提供科学依据。

3. 恶意程序检测技术。恶意程序检测技术用于检测和清除一个网络系统可能存在的病毒、木马及后门等恶意程序，防止恶意程序窃取信息或破坏系统。同时促进用户改变不良上网习惯，增强安全防范意识。

由此可见，网络安全检测技术是十分重要的，也是构建网络安全环境、提高网络安全管理水平必不可少的安全措施。

第二节　安全漏洞扫描技术

安全漏洞扫描技术是网络安全管理技术的一个重要组成部分，它主要用于对一个网络系统进行安全检查，寻找和发现其中可被攻击者利用的安全漏洞和隐患。安全漏洞扫描技术通常采用两种检测方法：基于主机的检测方法和基于网络的检测方法。基于主机的检测方法是对一个主机系统中不适当的系统设置、脆弱的口令、存在的安全漏洞及其他安全弱点等进行检查。基于网络的检测方法是通过执行特定的脚本文件对网络系统进行渗透测试和仿真攻击，并根据系统的反应来判断是否存在安全漏洞。检测结果将指出系统所存在的安全漏洞及危险级别。

一、系统安全漏洞分析

一个网络系统不仅包含各种交换机、路由器、安全设备和服务器等硬件设备，还包含各种操作系统平台、服务器软件、数据库系统，以及应用软件等软件系统，系统结构十分复杂。从系统安全角度来看，任何一个部分要想做到万无一失都是非常困难的，而任何一个疏漏都有可能导致安全漏洞，给攻击者可乘之机，有可能带来严重的后果。然而，在大多数情况下，一个网络系统建成并运行后，往往不做系统安全性测试和检测，并不知道系统是否存在安全漏洞，只是在发生网络攻击事件并造成严重的后果后，才意识到安全漏洞的危害性。根据美国联邦调查局的统计，世界上所发生的网络攻击事件中，80%以上是因为系统存在安全漏洞被内部或外部攻击者利用造成的。

从网络攻击的角度来分类，常见的网络攻击方法可分成以下几种类型：扫描、探测、数据包窃听、拒绝服务、获取用户账户、获取超级用户权限、利用信任关系及恶意代码等。攻击者入侵网络系统主要采用两种基本方法：社会工程和技术手段。基于社会工程的入侵方法是攻击者通过引诱、欺骗等各种手段来诱导用户，使用户在不经意间泄露他们的用户名和口令等身份信息，然后利用用户身份信息轻易地入侵网络系统。基于技术手段的入侵方法是攻击者利用系统设计、配置和管理中的漏洞来入侵系统。技术入侵手段主要有以下几种。

1.潜在的安全漏洞

任何一种软件系统都或多或少地存在着安全漏洞。在当前的技术条件下，发现和修补一个系统中所有的潜在安全漏洞是十分困难的，也是不可能的。一个系统可能存在的安全漏洞主要集中在以下几个方面。

（1）口令漏洞

通过破解操作系统口令来入侵系统是常用的攻击方法，使用一些口令破解工具可以扫描操作系统的口令文件。任何弱口令或不及时更新口令的系统，都容易受到攻击。

（2）软件漏洞

在 Windows、Linux、UNIX 等操作系统及各种应用软件中都可能存在某种安全缺陷和漏洞，如缓冲区溢出漏洞等，攻击者可以利用这些安全漏洞对系统进行攻击。

（3）协议漏洞

某些网络协议的实现存在安全漏洞，比如，IMAP 和 POP3 协议必须在 Linux/UNIX 系统根目录下运行，攻击者可以利用这一安全漏洞对 IMAP 进行攻击，破坏系统的根目录，从而取得超级用户的特权。

（4）拒绝服务

利用 TCP/IP 协议的特点和系统资源的有限性，通过产生大量虚假的数据包来耗尽目标系统的资源，比如，CPU 周期、内存和磁盘空间、通信带宽等，使系统无法处理正常的服务，直到过载而崩溃。典型的拒绝服务攻击有 SYN flood、FIN flood、ICMP flood、UDP flood 等。虚假的数据包还会使一些基于失效开放策略的入侵检测系统产生拒绝服务。所谓失效开放，是指系统在失效前不会拒绝访问。由于虚假的数据包会诱使这种失效开放系统去响应那些并未发生的攻击，结果阻塞了合法的请求或是断开合法的连接，最终导致系统拒绝服务。

2. 可利用的系统工具

很多系统都提供了用于改进系统管理和服务质量的系统工具，但这些系统工具同时也会被攻击者利用，非法收集信息，为攻击大开方便之门。

（1）Windows NT NBTSTAT 命令

系统管理员使用该命令来获取远程节点信息，但攻击者也可使用该命令来收集一些用户和系统信息，如管理员身份信息、NetBIOS 名、Web 服务器名、用户名等，这些信息有助于提高口令破解的成功率。

（2）Ports can 工具

系统管理员使用该工具检查系统的活动端口及这些端口所提供的服务，攻击者也可出于同一目的而使用这一工具。

（3）数据包探测器

系统管理员使用该工具监测和分析数据包，以便找出网络的潜在问题。攻击者也可以利用该工具捕获网络数据包，从这些数据包中提取出可能包含明文口令和其他敏感信息，然后利用这些数据来攻击网络。

3. 不正确的系统设置

不正确的系统设置也是造成系统安全隐患的一个重要因素。当发现安全漏洞时，管理员应当及时采取补救措施，如对系统进行维护、对软件进行升级等，然而由于一些网络设备（如路由器、网关等）配置比较复杂，系统还可能会出现新的安全漏洞。

4. 不完善的系统设计

不完善的网络系统架构和设计是比较脆弱的，存在着较大的安全隐患，将会给攻击者可乘之机。例如，Web 应用系统架构不完善，存在服务器配置不当、安全防护缺失等漏洞，攻击者利用这些漏洞获取 Web 服务器的敏感信息，或者植入恶意程序。

攻击者在实施网络攻击前，首先需要寻找一个网络系统的各种安全漏洞，然后利用这些安全漏洞来入侵网络系统。系统安全漏洞大致可分成以下几类。

（1）软件漏洞

任何一种软件系统都或多或少存在一定的脆弱性，安全漏洞可以看作已知的系统脆弱性。例如，一些程序只要接收到一些异常或者超长的数据和参数，就会引起缓冲区溢出。这是因为很多软件在设计时忽略或很少考虑安全性问题，即使在软件设计中考虑了安全性，也往往因为开发人员缺乏安全培训或安全经验而造成了安全漏洞。这种安全漏洞可以分为两种：一是由于操作系统本身的设计缺陷所带来的安全漏洞；二是应用程序的安全漏洞——这种漏洞最常见，更需要引起高度的重视。

（2）结构漏洞

在一些网络系统中忽略了网络安全问题，没有采取有效的网络安全措施，使网络系统处于不设防状态；在一些重要网段中，交换机等网络设备设置不当，造成网络流量被监听。

（3）配置漏洞

在一些网络系统中忽略了安全策略的制定，即使采取了一定的网络安全措施，但由于系统的安全配置不合理或不完整，安全机制没有发挥作用；在网络系统发生变化后，由于没有及时更改系统的安全配置而造成安全漏洞。

（4）管理漏洞

由于网络管理员的疏漏和麻痹造成的安全漏洞。例如，管理员口令太短或长期不更换，造成口令漏洞；两台服务器共用一个用户名和口令，如果一个服务器被入侵，则另一个服务器也不能幸免。

从这些安全漏洞来看，既有技术因素，也有管理因素和人员因素。实际上，攻击者正是分析了与目标系统相关的技术因素、管理因素和人员因素后，寻找并利用其中的安全漏洞来入侵系统的。因此，必须从技术手段、管理制度和人员培训等方面采取有效的措施来防范和控制，只靠技术手段是不够的，还必须从制定安全管理制度、培养安全管理人员和加强安全防范意识教育等方面来提高网络系统的安全防范能力。

二、安全漏洞检测技术

目前，安全漏洞检测技术主要有静态检测技术、动态检测技术及漏洞扫描技术等。下面重点介绍前两种技术。

1. 静态检测技术

静态检测技术属于白盒测试方法，通过分析程序执行流程来建立程序工作的数学模型，然后根据对数学模型的分析，发掘出程序中潜在的安全缺陷。静态检测的对象通常是源代码，常用的静态检测方法主要有词法分析、数据流分析、模型检验和污点传播分析等。

（1）词法分析

词法分析方法是将源文件处理为 token 流，然后将 token 流与程序缺陷结构进行匹配，以查找不安全的函数调用。该方法的优点是能够快速地发现软件中的不安全函数，检测效率较高。缺点是由于没有考虑源代码的语义，不能理解程序的运行行为，因此漏报和误报率比较高；基于该方法的分析工具主要有 ITS4、Check mar、RATS 等。

（2）数据流分析

数据流分析方法是通过确定程序某点上变量的定义和取值情况来分析潜在的安全缺陷，首先将代码构造为抽象语法树和程序控制流图等模型，然后通过代数方法计算变量的定义和使用，描述程序运行时的行为，进而根据相应的规则发现程序中的安全漏洞。该方法的优点是分析能力比较强，适合对内存访问越界、常数传播等问题进行分析检查；缺点是分析速度比较慢、检测效率比较低。基于该方法的分析工具主要有 Coverity，Kloe-worw、JLint 等。

（3）模型检验

模型检验方法是通过状态迁移系统来判断程序的安全性质，首先将软件构造为状态机或者有向图等抽象模型，并使用模态或时序逻辑公式等形式化方法来描述安全属性，然后对模型进行遍历检查，以验证软件是否满足这些安全属性。该方法的优点是对路径和状态的分析比较准确；缺点是处理开销较大，因为需要穷举所有的可能状态，特别是在数据密集度较大的情况下。基于该方法的分析工具主要有 MOPS、SLAM、Java Path Finder 等。

（4）污点传播分析

污点传播分析方法是通过静态跟踪不可信的输入数据来发现安全漏洞，首先通过对不可信的输入数据进行标记，静态跟踪和分析程序运行过程中污点数据的传播路径，发现污点数据的不安全使用方式，进而分析出由于敏感数据（如字符串参数）被改写而引发的输入验证类漏洞，如 SQL 注入、跨站点脚本等漏洞。该方法主要适用于输入验证类漏洞的分析。典型的分析工具是 Pixy，它是一种针对 PHP 语言的污点传播分析工具，用于发掘 PHP 应用中 SQL 注入、跨站点脚本等类型的安全漏洞，具有检测效率高、误报率低等优点。

综上所述，静态检测技术具有以下特点：

第一，具有程序内部代码的高度可视性，可以对程序进行全面分析，能够保证程序的所有执行路径得到检测，而不局限于特定的执行路径；

第二，可以在程序执行前检验程序的安全性，能够及时对所发现的安全漏洞进行修补；

第三，不需要实际运行被测程序，不会产生程序运行开销，自动化程度高。

静态检测技术也存在以下缺点：

第一，通用性较差，一般需要针对某种程序语言及其应用平台来设计特定的静态检测工具，具有一定的局限性；

第二，静态检测的漏报率和误报率高，需要在二者之间寻求一种平衡；

第三，分析对象通常是源代码。

对于可执行代码，需要通过反汇编工具转换成汇编程序，然后对汇编程序进行分析，大大增加了工作量。

2.动态检测技术

动态检测技术属于黑盒测试技术，通过运行具体程序并获取程序的输出或内部状态等信息，根据对这些信息的分析，检测出软件中潜在的安全漏洞。动态检测的对象通常是二进制可执行代码，常见的动态检测方法主要有渗透测试、模糊测试、错误注入和补丁比对等。

（1）渗透测试

渗透测试是经典的动态检测技术，测试人员通过模拟攻击方式对软件系统进行安全性测试，检测出软件系统中可能存在的代码缺陷、逻辑设计错误及安全漏洞等。

渗透测试最早用于操作系统安全性测试中，现在被广泛用于对 Web 应用系统的安全漏洞检测。通常，Web 应用系统渗透测试分为被动阶段和主动阶段，在被动阶段，测试人员需要尽可能地去搜集被测 Web 应用系统的相关信息，比如，通过使用 Web 代理观察 HTTP 请求和响应等，了解该应用的逻辑结构和所有的注入点；在主动阶段，测试人员需要从各个角度、使用各种方法对被测系统进行渗透测试，主要包括配置管理测试、业务逻辑测试、认证测试、授权测试、会话管理测试、数据验证测试、拒绝服务测试、Web 服务测试和 AJAX 测试等。

对 Web 应用系统进行渗透测试的基本步骤如下：

1）测试目标定义：确定测试范围，建立测试规则，明确测试对象和测试目的。

2）背景知识研究：搜集测试目标的所有背景资料，包括系统设计文档、源代码、用户手册、单元测试和集成测试的结果等。

3）漏洞猜测：测试人员根据对系统的了解和自己的测试经验猜测系统中可能存在的漏洞，形成漏洞列表，随后对漏洞列表进行分析和过滤，排列出待测漏洞的优先级。

4）漏洞测试：根据漏洞类型生成测试用例，使用测试工具对被测程序进行测试，确认漏洞是否存在。

5）推测新漏洞：根据所发现的漏洞类型推测系统中可能存在的其他类似漏洞，并进行测试。

6）修补漏洞：提出修改完善软件源代码的方法，对已发现的漏洞进行修补。

在 Web 应用系统安全性测试中，常用的渗透测试工具有 Burp Suite、Paros、Nikto 等。

（2）模糊测试

模糊测试技术的基本思想是自动产生大量的随机或经过变异的输入值，然后提交给软件系统，一旦软件系统发生失效或异常现象，说明软件系统中存在着薄弱环节和安全漏洞。与传统的黑盒测试方法相比，模糊测试技术主要侧重于任何可能引发未定义或者不安全行为的输入，其优点是简单、有效、自动化程度高及可复用性强等；缺点是测试数据冗余度大、检测效率低、代码覆盖率不足等。

模糊测试技术是 Web 应用系统安全漏洞检测中常用的测试技术，它模拟攻击者的行为，产生大量异常、非法、包含攻击载荷的模糊测试数据，提交给 Web 应用系统；同时监测 Web 应用系统的反应，检测 web 应用系统中是否存在安全漏洞。

目前，模糊测试技术存在的主要问题如下：

1）测试自动化程度低

大部分工具在模糊数据的生成及对被测对象检测结果分析等过程中都需要人工参与，自动化程度不高。例如，Wfuzz 等工具需要测试人员提供正常请求并对其中需要模糊化的变量进行标记才能生成一系列模糊数据。

2）检测的漏洞类型较少

一些工具只能对少数几种特定类型的安全漏洞进行模糊测试。例如，Web Fuzz 等工具只能检测 Web 应用系统中的 SQL 注入和跨站点脚本等类型的安全漏洞，漏洞发掘能力有限。

3）漏洞检测的漏报率和误报率高

一些工具的模糊数据生成及漏洞检测方法较为简单，造成测试结果中漏洞的漏报率和误报率比较高。例如，Web Fuzz 等工具只是通过在原始请求中简单地插入攻击载荷的方式来生成模糊数据，在漏洞检测上也只是简单地查找返回的 Web 网页中是否存在特定的内容。

4）工具的可扩展性较差

例如，Web Fuzz 等工具在设计上均存在耦合程度高、可扩展性差等问题，对新漏洞类型的扩展比较困难。

5）测试结果的展示不够直观

大部分工具在测试结果的展示上都不够直观，有的甚至仅提供模糊测试的执行日志。例如，Wfuzz 等需要人工对数百条记录进行分析来确定其中的哪些测试数据引发了被测对象的安全漏洞。

（3）错误注入

错误注入技术最早用于对硬件设备的可靠性测试，其基本思想是按照一定的错误模型，人为地生成错误数据，然后注入被测系统中，促使系统崩溃或失效的发生，通过观察系统在错误注入后的反应，对系统的可靠性进行验证和评价。

后来，错误注入技术被应用于软件测试，主要用于软件的可靠性和安全性测试，既可以采用黑盒方法来实现，也可以采用白盒方法实现。例如，在应用软件测试中，采用一种称为环境—应用交互故障模型（EAI）的环境错误注入方法，EAI 模型认为系统是由环境与应用软件组成的，并对环境错误进行分类。当环境出现错误而应用软件不能适应时，就可能产生安全问题。

错误注入技术的优点是易于形成系统化方法，有助于实现软件自动化测试；缺点是由于没有考虑应用系统内部的运行状态，仅注入环境错误并不能对应用系统安全漏洞进行全面的检测。

（4）补丁比对

补丁比对技术的基本思想是通过对补丁前和补丁后两个二进制文件的对比分析，找出两个文件的差异点，定位其中的安全漏洞。目前，常用的补丁比对方法主要有二进制文件比对、汇编程序比对和结构化比对等。

二进制文件比对方法是一种最简单的补丁比对方法，通过对两个二进制文件的直接对比，定位其中的安全漏洞。该方法的主要缺点是容易产生大量的误报情况，漏洞定位准确性较差，检测结果不容易理解，因此仅适用于文件中变化较少的情况。

汇编程序比对方法是首先将两个二进制文件反汇编成汇编程序，然后对两个汇编程序进行对比分析。该方法比二进制文件比对方法有所进步，但是仍然存在输出结果范围大、误报率高和漏洞定位不准确等缺点。另外，在反汇编时，很容易受编译器编译优化的影响，结果会变得非常复杂。

结构化比对方法的基本思想是给定两个待比对的文件 A1 和 A2，将 A1 和 A2 的所有函数用控制流图来表示。该方法从逻辑结构的层次上对补丁文件进行了分析。但是，当待比对的两个二进制文件较大时，结构化比对的运算量和存储量都非常大，程序的执行效率比较低，并且漏洞定位准确性也不高。

综上所述，动态检测技术通常是在真实的运行环境中对被测对象进行测试，直接模拟攻击者的行为，因此其测试结果往往具有更高的准确性，漏报率和误报率相对比较低。此外，动态检测技术不需要源代码，具有较高的灵活性。通常，各种安全漏洞扫描系统都是采用动态检测技术实现的。

三、安全漏洞扫描系统

安全漏洞扫描系统主要采用动态检测技术对一个网络系统可能存在的各种安全漏洞进行远程检测，不同安全漏洞的检测方法是不同的，将各种安全漏洞检测方法集成起来，组成一个安全漏洞扫描系统。

通常，安全漏洞扫描系统有两种实现方式：主机方式和网络方式。主机漏洞扫描系统安装在一台计算机上，主要用于对该主机系统的安全漏洞扫描。网络漏洞扫描系统采用客户 / 服务器架构，主要用于对一个网络系统，包括各种主机、服务器、网络设备及软件平台（如 Web 服务系统、数据库管理系统等）的安全漏洞扫描。通常，网络漏洞扫描系统由客户端和服务器两个部分组成。

1. 客户端

它是操纵安全漏洞扫描系统的用户界面，也称控制台。用户通过用户界面定义被扫描的目标系统、目标地址及扫描任务等，然后提交给服务器执行扫描任务。当扫描结束后，服务器返回扫描结果，显示在客户端屏幕上。

2. 服务器

它是安全漏洞扫描系统的核心，主要由扫描引擎和漏洞库组成。

（1）扫描引擎

它是系统的主控程序。在接收到用户的扫描请求后，调用漏洞库中的各种漏洞检测方法对目标系统进行安全漏洞扫描，根据目标系统的反应来判断是否存在安全漏洞，然后将扫描结果返回给客户端。对于检测出的安全漏洞，给出漏洞名称、编号、类型、危险等级、漏洞描述及修复措施等信息。

（2）漏洞库

使用特定编程语言编写的各种安全漏洞检测算法集合。通常，漏洞检测算法采用插件技术进行封装，一种漏洞检测算法对应一个插件。扫描引擎通过调用插件来执行漏洞扫描。对于新发现的安全漏洞及其检测算法，可以通过增加插件的方法加入漏洞库中，有利于漏洞库的维护和扩展。另外，一些安全漏洞扫描系统还提供了专用脚本语言来实现安全漏洞检测算法编程，这种脚本语言不仅功能强大，而且简单易学，往往使用十几行代码就可以实现一种安全漏洞的检测，大大简化了插件编程工作。

由于安全漏洞扫描系统是基于已知的安全漏洞知识，因此漏洞库的扩展和维护便显得十分重要。CERT、CVE 等有关国际组织不定期在网上公布新发现的安全漏洞，包括漏洞名称、编号、类型、危险等级、漏洞描述及修复措施等，我国也建立了国家信息安全漏洞共享平台（CNVD），规范了安全漏洞扫描插件开发和升级。

在实际应用中，不论是主机漏洞扫描系统还是网络漏洞扫描系统，及时更新漏洞库是非常重要的，以便漏洞扫描系统及时检测到新的安全漏洞。检测到安全漏洞后，应当及时安装补丁程序或升级软件版本，消除安全漏洞对系统安全的威胁。

四、漏洞扫描方法举例

利用网络安全漏洞扫描系统可以对网络中任何系统或设备进行漏洞扫描，搜集目标系统相关信息，比如，各种端口的分配、所提供的服务、软件的版本、系统的配置，以及匿名用户是否可以登录等，从而发现目标系统潜在的安全漏洞。下面是几种典型的安全漏洞扫描方法。

1. 获取主机名和 IP 地址

利用 Whois 命令，可以获得目标网络上的主机列表或者其他有关信息（如管理员名字信息等）。利用 Host 命令可以获得目标网络中有关主机 IP 地址。进一步利用目标网络的主机名和 IP 地址可以获得有关操作系统的信息，以便寻找这些系统上可能存在的安全漏洞。

2. 获取 Telnet 漏洞信息

很多安全漏洞与操作系统平台及其版本有密切的关系，不同的操作系统平台或者不同的操作系统版本可能存在不同的安全漏洞。因此，扫描程序可以通过获取和检查操作系统类型及其版本信息来确定该操作系统是否存在潜在风险。获得操作系统平台及其版本信息的有效手段是使用 Telnet 命令来连接一个操作系统，对于成功的 Telnet 连接，Telnet 服务程序（telnetd）将会返回该操作系统的类型、内核版本号、厂商名、硬件平台等信息。类似的方法还有 FTP 命令等。

有些操作系统的 Telnetd 程序本身还存在缓冲区溢出漏洞，在处理 Telnetd 选项的函数中，没有对边界进行有效检查。当使用某些选项时，可能发生缓冲区溢出。例如，在 Linux 系统下，如果用户获取了对系统的本地访问权限，则可通过 Telnetd 漏洞为 /bin/login 设置环境变量。当环境变量重新分配内存时，便能改变任意内存中的值。这样，攻击者有可能从远程获得 Root 权限。

解决方案是更新 Telnet 软件版本，或者禁止不可信的用户访问 Telnet 服务。

3. 获取 FTP 漏洞信息

利用 FTP 命令连接一个操作系统，同样可以获得有关操作系统类型及其版本信息。

另外，扫描程序还可以通过匿名用户名登录 FTP 服务来测试该操作系统的匿名 FTP 是否可用。如果允许匿名登录，则检查 ftp 目录是否允许署名用户进行写操作。对于允许写 ftp 目录的匿名 FTP，一旦受到 FTP 跳转攻击，就会引起系统停机。

FTP 跳转攻击是指攻击者利用一个 FTP 服务器获取对另一个主机系统的访问权，而该主机系统是拒绝攻击者直接连接的。典型的例子是目标主机被配置成拒绝使用特定的 IP 地址屏蔽码进行连接，而攻击者主机的 IP 地址恰好就在该屏蔽码内。处于屏蔽码内的主机是不能访问目标主机上的 ftp 目录的。为了绕过这个限制，攻击者可以使用另一台中间主机来访问目标主机，将一个包含连接目标主机和获取文件命令的文件放到中间主机的 ftp 目录中。当使用中间主机进行连接时，其 IP 地址是中间主机的，而不是攻击者主机的。目标主机便允许这次连接请求，并且向中间主机发送所请求的文件，从而实现对目标主机的间接访问。

解决方案是升级 FTP 软件版本，修改 ftp 的登录提示信息，关闭不必要的匿名 FTP 服务等。

4. 获取 Sendmail 漏洞信息

UNIX 系统都是通过 Sendmail 程序提供 E-mail 服务的，通过 Sendmail 守护程序来监听 SMTP 端口，并响应远程系统的 SMTP 请求。在大多数的 UNIX 系统中，Sendmail 程序都是运行在 setuid 根上，并且程序代码量较大，使 Sendmail 成为许多安全漏洞的根源和攻击者首选的攻击目标。

攻击者通过与 SMTP 端口建立直接的对话（TCP 端口号为 25），向 Sendmail 守护进程发出询问，Sendmail 守护进程则会返回有关的系统信息，如 Sendmail 的名字、版本号及配置文件版本等。由于 Sendmail 的老版本存在着一些广为人知的安全漏洞，所以通过版本号可以发现潜在的安全漏洞。最常见的 Sendmail 漏洞有调试函数缓冲区溢出、syslog 命令缓冲区溢出、Sendmail 跳转等。

解决方案是通过安装补丁程序或升级 Sendmail 的版本来修补这些安全漏洞。

5.TCP 端口扫描

TCP 端口扫描是指扫描程序试图与目标主机的每一个 TCP 端口建立远程连接，如果目标主机的某一 TCP 端口处于监听工作状态，则会进行响应。否则，这个端口是不可用的，没有提供服务。攻击者经常利用 TCP 端口扫描来获得目标主机中的 /etc/inetd.conf 文件，该文件包含由 inetd 提供的服务列表。

解决方案是关闭不必要的 TCP 端口。

6. 获取 Finger 漏洞信息

Finger 服务用来提供网上用户信息查询服务，包括网上成员的用户名、最近的登录时间、登录地点等，也可以用来显示一个主机上当前登录的所有用户名。对于攻击者来说，获得一个主机上的有效登录名及其相关信息是很有价值的。

解决方案是关闭一个主机上的 Finger 服务。

7. 获取 Port Map 信息

通常，操作系统主要采用三种机制提供网络服务：由守护程序始终监听端口、由 inetd 程序监听端口并动态激活守护程序、由 Port map 程序动态分配端口的 RPC 服务。攻击者可以通过 rpeinfo 命令向一个远程主机上的 Port map 程序发出询问，探测该主机上提供了哪些可用的 RPC 服务。Port map 程序将会返回该主机上可用的 RPC 服务、相应的端口号、所使用的协议等信息。常见的 RPC 服务有 rpe.mountd、rpe.statd、rpe.csmci、rpe.ttybd、amd、NIS 和 NFS 等，它们都是被攻击的目标。

解决方案是关闭一个主机上的 Port map 服务（TCP 端口 11）。

8. 获取 Rusers 信息

Rusers 是一种 RPC 服务，如果远程主机上的 Rusers 服务被加载，可以使用 rusers 命令来获取该主机上的用户信息列表，包括用户名、主机名、登录的终端、登录的日期和时间等。这些信息看起来似乎无须保密，但对攻击者来说却是十分有用的。因为当攻击者收集到了某一系统上足够多的用户信息后，便可以通过口令尝试登录方式来试图推测出其中某些用户的口令。由于有些用户总喜欢使用简单的口令，如口令与用户名相同，或者口令是用户名后加三位或四位数字等。一旦这些用户的口令被猜中，获得该系统的 Root 权限只是一个时间问题。

解决方案是关闭一个主机上的 Rusers 服务。

9. 获取 Rwho 信息

Rwho 服务是通过守护程序（rwhod）向其他 rwhod 程序定期地广播"谁在系统上"的信息。因此，Rwho 服务存在着一定的安全隐患。另外，攻击者向 rwhod 进程发送某种格式的数据包后，将会导致 rwhod 的崩溃，引起拒绝服务。

解决方案是关闭一个主机上的 Rwho 服务。

10. 获取 NFS 漏洞信息

NFS 提供了网络文件传送服务，并且还可以使用 MOUNT 协议来标识要访问的文件系统及其所在的远程主机。从网络文件传送的角度来说，NFS 有着良好的扩展性和透明性，并简化了网络文件管理操作。从网络安全的角度来说，NFS 却存在较大的安全隐患，主要表现在以下几个方面：

（1）获取 NFS 输出信息

NFS 采用客户 / 服务器结构。客户端是一个使用远程目录的系统，通过远程目录来使用远程服务器上的文件系统，如同使用本地文件系统一样：服务器端为客户提供磁盘资源共享服务，允许客户访问服务器磁盘上的有关目录或文件。客户端需要将服务器的文件系统安装在本地文件系统上，由服务器端的 mountd 守护进程负责安装和连接文件系统，而 NFS 协议只负责文件传输工作。在一般的 UNIX 系统中，把远程共享目录安装到本地的过程称为安装（mountd）目录，这是客户端的功能。为客户机提供目录的过程称为输出（exporting）目录，这是服务器端的功能。客户端可以使用 show mount 命令来查询 NFS 服务器上的信息，如 rpe.mounted 中的具体内容、通过 NFS 输出的文件系统及这些系统的授权等信息。攻击者可以通过分析这些信息和输出目录的授权情况来寻找脆弱点。

（2）NFS 的用户认证问题

NFS 提供一种简单的用户认证机制，一个用户的标识信息有用户标识符（UID）和所属用户组标识符（GID），服务器端通过检查一个用户的 UID 和 GID 来确认用户身份。由于每个主机的 Root 用户都有权在自己的机器上设置一个 UID，而 NFS 服务器则不管这个 UID 来自何方，只要 UID 匹配，就允许这个用户访问文件系统。例如，服务器上的目录 /home/frank 允许远程主机安装，但只能由 UID 为 501 的用户访问。如果一个主机的 root 用户新增一个 UID 为 501 的用户，然后通过这个用户登录并安装该目录，便可以通过 NFS 服务器的用户认证，获得对该目录的访问权限。另外，大多数 NFS 服务器可以接受 16 位的 UID，这是不安全的，容易产生 UID 欺骗问题。

解决方案是最好禁止 NFS 服务。如果一定要提供 NFS 服务，则必须采用有效的安全措施。例如，正确地配置输出目录，将输出的目录设置成只读属性，不要设置可执行属性，不要在输出的目录中包含 home 目录，禁止有 SUID 特性的程序执行，限制客户的主机地址，使用有安全保证的 NFS 实现系统等。

11. 获取 NIS 漏洞信息

NIS（Network Information Service）提供了黄页（Yellow Pages）服务，在一个单位或者组织中允许共享信息数据库，包括用户组、口令文件、主机名、别名、服务名等信息。通过 NIS 可以集中管理和传送系统管理方面的文件，以确保整个网络管理信息的一致性。

NIS 也基于客户 / 服务器模式，并采用域模型来控制客户机对数据库的访问，数据库通常由几个标准的 UNIX 文件转换而成，称为 NIS 映像。一个 NIS 域中所有的计算机不但共享了 NIS 数据库文件，也共享着同一个 NIS 服务器。每个客户机都要使用一个域名来访问该域中的 NIS 数据库。所有的数据库文件都存放在 NIS 服务器上，ASCII 码文件一般保存在 /var/yp/domain-name 目录中。客户机可以使用 domain name 命令来检查和设置 NIS 域名。NIS 服务器向 NIS 域中所有的系统分发数据库文件时，一般不做检查。这显然是一个潜在的安全漏洞。因为获得 NIS 域名的方法有很多，如猜测法等，一旦攻击者获得了 NIS 域名，就可以向 NIS 服务器请求任意的 NIS 映射，包括 passwd 映射、hosts 映射及 aliases 映射等，从而获取重要的信息。另外，攻击者还可以利用 Finger 服务向 NIS 服务器发动拒绝服务攻击。

解决方案是不要在不可信的网络环境中提供 NIS 服务，NIS 域名应当是秘密的且不易被猜中。

12. 获取 NNTP 信息

NNTP 是网络新闻传输协议，既可用于新闻组服务器之间交换新闻信息，也可用于新闻阅读器与新闻服务器之间交换新闻信息。攻击者利用 NNTP 服务可以获取目标主机中有关系统和用户的信息。NNTP 还存在与 SMTP 类似的脆弱性，但可以通过选择所连接的主机进行保护。

解决方案是关闭 NNTP 服务。

13. 收集路由信息

根据路由协议，每个路由器都要周期地向相邻的路由器广播路由信息，通过交换路由信息来建立、更新和维护路由器中的路由表。路由表信息可以使用 netstat-nr 命令来查询，通过路由表信息可以推测出目标主机所在网络的基本结构。因此，攻击者在攻击目标系统之前都要通过多种方法来收集目标系统所在网络的路由信息，从中推测出网络结构。

14. 获取 SNMP 漏洞信息

SNMP 是一种基于 TCP/IP 的网络管理协议，用于对网络设备的管理。它采用管理器 / 代理结构，代理程序驻留在网络设备（如路由器、交换机、服务器等）上，监听管理器的访问请求，执行相应的管理操作。管理器通过 SNMP 协议可以远程监控和管理网络设备。SNMP 请求有两种：一种是 SNMP Get Request，读取数据操作；另一种是 SNMP Set Request，写入数据操作。对于 SNMP 来说，主要存在以下安全漏洞。

（1）身份认证漏洞

SNMP 代理是通过 SNMP 请求中所包含的 Community 名来认证请求方身份的，并且是唯一的认证机制。大多数 SNMP 设备的默认 Community 名为 public 或 private，在这种情况下，攻击者不仅可以获得远程网络设备中的敏感信息，而且还能通过远程执行指令关闭系统进程，重新配置或关闭网络设备。

（2）管理信息获取漏洞

在 SNMP 代理与管理器之间的管理信息是以明文传输的，而管理信息中包含了网络系统的详细信息，如连入网络的系统和设备等。攻击者可以利用这些信息找出攻击目标并规划攻击。解决方案是关闭 SNMP 服务或者升级 SNMP 的版本（SNMPv3 的安全性要优于 SNMP v2）。

15.TFTP 文件访问

TFTP 服务主要用于局域网中，如无盘工作站启动时传输系统文件。TFTP 的安全性极差，存在很多的安全漏洞。例如，在很多系统上的 TFTP 没有任何的身份认证机制，经常被攻击者用来窃取密码文件 /etc/passwd；有些系统上的 TFTP 存在目录遍历漏洞（如 Cisco TFTP Server v1.1），攻击者可以通过 TFTP 服务器访问系统上的任意文件，造成信息泄露。

解决方案是关闭 TFTP 服务。

16. 远程 shell 访问

在 UNIX 系统中，有许多以 r 为前缀的命令，用于在远程主机上执行命令，如 rlogin、rsh 等。它们都在远程主机上生成一个 shell，并允许用户执行命令。这些服务是基于信任的访问机制，这种信任取决于主机名与初始登录名之间的匹配，主机名与登录名存放在 local、rhosts 或 hosts、equiv 文件中，并可以使用通配符。通配符允许一个系统中的任意用户获得访问权，或者允许任何系统中的任何用户获得访问权。这就给攻击者提供了很大的方便，rhosts 文件成为主要的攻击目标。因此，这种基于信任的访问机制是很危险的。解决方案是使用防火墙屏蔽 shell 与 login 端口，防止外部用户获得对这些服务直接访问的权限。在防火墙上还要禁止使用 local、thosts 或 hosts、equiv 文件。同时，在本地系统中应尽可能地禁止或严格地限制 rsh 和 rlogin 服务的使用。

17. 获取 Rexd 信息

Rexd 服务允许用户在远程服务器上执行命令，与 rsh 类似。但它是通过使用 NFS 将用户的本地文件系统安装在远程系统上来实现的，本地环境变量将输出到远程系统上。远程系统一般只确认用户的 UID 与 GID，而不做其他身份认证。用户使用 on 命令调用远程 Rexd 服务器上的命令，on 命令将继承用户当前的 UID，它有可能被攻击者利用在一个远程系统上执行命令，因此存在较大的安全隐患。

解决方案是关闭该服务。

18.CGI 滥用

CGI 是外部网关程序与 HTTP 协议之间的接口标准，Web 服务器一般都支持 CGI，以便提供 Web 网页的交互功能。为了动态地交换信息，CGI 程序是动态执行的，并且以与 Web 服务器相同的权限运行。攻击者可以利用有漏洞的 CGI 程序执行恶意代码，如篡改网页、盗窃信用卡信息、安装后门程序等。因此，CGI 是非常不安全的。

CGI 安全问题的解决方案：

（1）不要以 Root 身份运行 Web 服务器。

（2）删除 bin 目录下的 CGI 脚本解释器。

（3）删除不安全的 CGI 脚本。

（4）编写安全的 CGI 脚本。

（5）在不需要 CGI 的 Web 服务器上不要配置 CGI。

在安全漏洞扫描系统中，将各种扫描方法编写成插件程序，形成漏洞扫描方法库，在系统的统一调度下自动完成对一个目标系统的扫描和检测，并将扫描结果生成一个易于理解的检测报告。例如，使用安全漏洞扫描系统检测 IP 地址为 119.20.67.45 的主机上 20~100 号 TCP 端口的工作状态，其检测结果如下：

119.20.67.4521 accepted

119.20.67.45 23 accepted

119.20.67.45 25 accepted

119.20.67.45 80 accepted

上述检测结果表明，这台主机上的 21、23、25 和 80 号 TCP 端口都被打开，正在提供相应的服务。在 TCP/IP 协议中，1024 以下的端口都是周知的端口，与一个公共的服务相对应，例如，21 号端口对应于 FTP 服务、23 号端口对应于 Telnet 服务、25 号端口对应于 E-mail 服务、80 号端口对应于 Web 服务等。如果发现该主机上打开的 TCP 端口与实际提供的服务不符，或者打开了一些可疑的 TCP 端口，则说明该主机可能被安放了后门程序或存在安全隐患，应当及时采取措施封堵这些端口。

五、漏洞扫描系统的实现

在网络漏洞扫描系统中，漏洞扫描程序通常采用插件技术来实现。一种漏洞扫描程序对应一个插件，扫描引擎通过调用插件的方法来执行漏洞扫描。插件可以采用两种方法来编写，一种是使用传统的高级语言，如 C 语言，它需要事先使用相应的编译器对这类插件进行编译；另一种是使用专用的脚本语言，脚本语言是一种解释型语言，它需要使用专用的解释器，其语法简单易学，可以简化新插件的编程，使系统的扩展和维护更加容易。网络漏洞扫描系统应当支持这两种插件的实现方法，并提倡使用脚本语言。

在网络漏洞扫描系统中，不仅要使用标准化名称来命名和描述漏洞，而且还要建立规范的插件编程环境。为此，系统必须提供一种规范化的插件编程和运行环境，这种环境采用插件框架结构，由一组函数和全局数据结构组成，其主要函数如下：

1. 插件初始化函数

提供了插件初始化功能，一个插件应该包含这个函数。

2. 插件运行函数

提供了插件运行功能，包含该插件对应的漏洞扫描执行过程。

3. 库函数

提供了插件可能使用的功能函数。

4. 目标主机操作函数

提供了获取被扫描主机有关信息（如主机名、IP 地址、开放端口号等）功能。

5. 网络操作函数

提供了基于套接字（Socket）的网络操作机制。

6. 插件间通信函数

提供了插件间共享检测结果的通信机制。

7. 漏洞报告函数

提供了漏洞描述和报告功能。

8. 插件库接口函数

提供了与共享插件库交互的接口功能，共享插件库就是上述的扫描程序库，一个插件必须进入共享插件库后才是可用的。插件以文件的形式存放在服务器端，服务器采用链表结构来管理所有的插件。在服务器启动时，首先加载和初始化所有的插件链表，然后根据客户请求调用相应的插件完成漏洞扫描工作。

9. 插件初始化

服务器采用两级链表结构来管理所有的插件，第一级链表是主链表，包含了所有插件链表的全局参数，如最大线程数、扫描端口范围、配置文件路径名、插件文件路径名等，在服务器启动时完成初始化设置；第二级链表是插件链表，每个插件都对应一个插件链表，存放相应插件的参数，如插件名、插件类型、插件功能描述等，通过调用插件内部的插件初始化两数完成初始化设置。

10. 插件选择

完成插件初始化后，在服务器主链表的插件链表中记录了所有插件信息。这时，服务器端向客户端发送一个插件列表，它包含了所有插件的插件名和插件功能描述等信息。用户可以在客户端上选择本次扫描所需的插件，然后将选择结果传送给服务器。服务器端将这些插件标记在相应的插件链表上。

11. 插件调用

主控程序首先检索插件链表，找到被选择的插件。然后直接调用该插件的插件运行函数，执行漏洞扫描过程，它包括漏洞扫描和结果传送两部分。

12. 结果处理

插件运行函数将扫描结果写入该插件的插件链表中，扫描结果包括漏洞描述、危险性等级、端口号、修补建议等。所有指定的扫描全部完成后，服务器将所有扫描结果传送给客户端。

插件库的更新和维护可以采取两种方法：一是下载标准的 CVE 插件；二是自行编写插件，然后将插件添加到插件库中。为了简化和规范插件的编写，可以采用插件生成器技术来指导和协助插件的编程。

六、漏洞扫描系统应用

在实际应用中，网络漏洞扫描系统通常连接在网络主干的核心交换机端口，对全网的各种网络设备、服务器、主机进行安全漏洞扫描。在安全漏洞扫描时，所有的设备和计算机应处于开机状态，以便保证安全漏洞扫描的广度和深度。

网络漏洞扫描系统是一种重要的网络安全管理工具，根据所制定的安全策略，定期对网络系统进行安全漏洞扫描，其扫描结果可作为评估网络安全风险的重要依据。网络漏洞扫描系统是一把双刃剑，攻击者也可以通过网络漏洞扫描系统寻找安全漏洞，并加以利用实施网络攻击。因此定期对网络系统进行安全漏洞扫描是十分重要和必要的，一旦发现安全漏洞，应及时修补，并且要定期更新扫描方法库（漏洞库），使网络漏洞扫描系统能够检测到新的安全漏洞并及时修补。

第三节　网络入侵检测技术

网络入侵检测是一种动态的安全检测技术，能够在网络系统运行过程中发现入侵者的攻击行为和踪迹，一旦发现网络攻击现象，则发出报警信息，还可以与防火墙联动，对网络攻击进行阻断。

入侵检测系统被认为是防火墙之后的第二道安全防线，与防火墙组合起来，构成比较完整的网络安全防护体系，共同对付网络攻击，进一步增强网络系统的安全性，扩展网络安全管理能力。IDS 将在网络系统中设置若干检测点，并实时监测和收集信息，通过分析这些信息来判断网络中是否发生违反安全策略的行为和被入侵的迹象。如果发现网络攻击现象，则会做出适当的反应，发出报警信息并记录日志，为追查攻击者提供证据。

一、入侵检测基本原理

从入侵检测方法上，入侵检测技术可分为异常检测和误用检测两大类。

异常检测是通过建立典型网络活动的轮廓模型来实现入侵检测的。它通过提取审计踪迹（如网络流量和日志文件）中的特征数据来描述用户行为，建立轮廓模型。每当检测到一个新的行为模式，就与轮廓模型相比较，如果二者之差超过一个给定的阈值，将会引发报警，表示检测到一个异常行为。例如，一般在白天使用计算机的用户，如果突然在午夜注册登录，则被认为是异常行为，有可能是入侵者在使用。在异常检测方法中，需要解决的问题是：从审计踪迹中提取特征数据来描述用户行为、正常行为和异常行为的分类方法及轮廓模型的更新技术等。这种入侵检测方法的检测率较高，但误检率也比较高。

误用检测是根据事先定义的入侵模式库，通过分析这些入侵模式是否发生来检测入侵行为。由于大部分入侵是利用了系统脆弱性，通过分析入侵行为的特征、条件、排列及事件间关系来描述入侵者踪迹。这些踪迹不仅对分析已经发生的入侵行为有帮助，而且对即将发生的入侵也有预警作用，只要出现部分入侵踪迹就意味着有可能发生入侵。通常，这种入侵检测方法只能检测到入侵模式库中已有的入侵模式，而不能发现未知的入侵模式，甚至不能发现有轻微变异的入侵模式，并且检测精确度取决于入侵模式库的完整性。这种检测方法的检测率比较低，但误检率也比较低。大多数的商用入侵检测系统都属于这类系统。

从分析数据来源的角度划分，入侵检测系统可以分为基于日志的和基于数据包的两种。

基于日志的入侵检测是指通过分析系统日志信息的方法来检测入侵行为。由于操作系统和重要应用系统的日志文件中包含详细的用户行为信息和系统调用信息，从中可以分析出系统是否被入侵及入侵者所留下的踪迹等。

基于数据包的入侵检测是指通过捕获和分析网络数据包来检测入侵行为，因为数据包中同样也含有用户行为信息。例如，对于一个 TCP 连接，与用户连接行为有关的特征数据如下：

（1）建立 TCP 连接时的信息

在建立 TCP 连接时是否经历了完整的三次握手过程。可能的错误信息有：被拒绝的连接、有连接请求但连接没有建立起来（发起主机没有接收到 SYN 应答包）、无连接请求却接收到了 SYN 应答包等。

（2）在 TCP 连接上传送的数据包、应答（ACK）包及统计数据

统计数据包括数据重发率、错误重发率、两次 ACK 包比率、错误包尺寸比率、双方所发送的数据字节数、数据包尺寸比率和控制包尺寸比率等。

（3）关闭 TCP 连接时的信息

一个 TCP 连接以何种方式被终止的信息，如正常终止（双方都发送和接收了 FIN 包）、异常中断（一方发送了 RST 包，并且所有的数据包都被应答）、半关闭（只有一方发送了 FIN 包）和断开连接等。

因此，每个 TCP 连接将形成一个连接记录，包含以下属性信息：开始时间、持续时间、参与主机地址、端口号、连接统计值（双方发送的字节数、重发率等）、状态信息（正常的或被终止的连接）和协议号（TCP 或 UDP）等。这些属性信息构成了一个用户连接行为的基本特征。

通过分析网络数据包可以将入侵检测的范围扩大到整个网络，并且可以实现实时入侵检测。而基于日志分析的入侵检测则局限于本地用户和主机系统上。

总之，入侵检测系统提供了对网络入侵事件的检测和响应功能。具体地，一个入侵检测系统应提供下列主要功能：

1）用户和系统活动的监视与分析；

2）系统配置及其脆弱性的分析和审计；

3）异常行为模式的统计分析；

4）重要系统和数据文件的完整性监测和评估；

5）操作系统的安全审计和管理；

6）入侵模式的识别与响应，如记录事件和报警等。

入侵检测系统通常由信息采集、信息分析和攻击响应等部分组成。

1. 信息采集

入侵检测的第一步是信息采集，主要是系统、网络及用户活动的状态和行为等信息。这就需要在计算机网络系统中的关键点（不同网段和不同主机）设置若干个检测器来采集信息，其目的是尽可能地扩大检测范围，提高检测精度。因为来自一个检测点的信息可能不足以判别入侵行为，而通过比较多个检测点的信息一致性便容易辨识可疑行为或入侵活动。

由于入侵检测很大程度上依赖于所采集信息的可靠性和正确性，因此入侵检测系统本身应当具有很强的健壮性，并且具有保证检测器软件安全性的措施。入侵检测主要基于以下四类信息：

（1）系统日志文件信息

攻击者在攻击系统时，不管成功与否，都会在系统日志文件中留下踪迹和记录。因此，系统日志文件是入侵检测系统主要的信息来源。通常，每个操作系统及重要应用系统都会建立相应的日志文件，系统自动把网络和系统中所发生的异常事件、违规操作及系统错误记录在日志文件中，作为事后安全审计和事件分析的依据。通过查看和分析日志文件信息，可以发现系统是否发生被入侵的迹象、系统是否发生过入侵事件、系统是否正在被入侵等，根据分析结果，激活入侵应急响应程序，采取适当的措施，如发出报警信息、切断网络连接等。在日志文件中，记录有各种行为类型，每种类型又包含了多种信息。例如，在"用户活动"类型的日志记录中，包含了系统登录、用户 ID 的改变、用户访问的文件、违反权限的操作和身份认证等信息内容。对用户活动来说，重复的系统登录失败、企图访问未经授权的文件及登录到未经授权的网络资源上等都被认为是异常的或不期望的行为。

（2）目录和文件的完整性信息

在网络文件系统中，存储了大量的程序文件和数据文件，其中包含重要的系统文件和用户数据文件，它们往往成为攻击者破坏或篡改的目标。如果在目录和文件中发生了不期望的改变（包括修改、创建和删除），则意味着可能发生了入侵事件。攻击者经常使用的攻击手法是获得系统访问权；安放后门程序或恶意程序，甚至破坏或篡改系统重要文件；修改系统日志文件，清除入侵活动的痕迹。对这类入侵事件的检测可以通过检查目录和文件的完整性信息来实现。

（3）程序执行中的异常行为

网络系统中的程序一般包括网络操作系统、网络服务和特定的网络应用（例如数据库服务器）等，系统中的每个程序通常由一个或多个进程来实现，每个进程可能在具有不同权限的环境中执行，这种环境控制着进程可访问的系统资源、程序和数据文件等。一个进程的执行表现为执行某种具体的操作,如数学计算、文件传输、操纵设备、进程通信和其他处理等。不同操作的执行方式，所需的系统资源也不同。如果在一个进程中出现了异常的或不期望的行为，则表明系统可能被非法入侵。攻击者可能会分解和扰乱程序的正常执行，导致系统异常或失败。例如，攻击者使用恶意程序来干扰程序的正常执行，出现用户不期望的操作行为，或者通过恶意程序创建大量的非法进程，抢占有限的系统资源，导致系统拒绝服务。

（4）物理形式的入侵信息

这类信息包含两个方面的内容。一是网络硬件连接；二是未经授权的物理资源访问。攻击者经常使用物理方法来突破网络系统的安全防线，从而达到网络攻击的目的。例如，现在的计算机都支持无线上网，如果用户在访问远程网络时没有采取有效的保护（如身份认证、信息加密等），则攻击者有可能利用无线监听工具进行非法获取，导致无线上网成为一种威胁网络安全的后门。攻击者就会利用这个后门来访问内部网，从而绕过内部网的防护措施，达到攻击系统、窃取信息等目的。

在系统日志文件中，有些日志信息并非用于信息安全目的，需要花费大量的时间进行筛选处理。因此，一般的入侵检测系统都自带信息采集器或过滤器，有针对性地采集和筛选审计追踪信息。同时，还要充分利用来自其他信息源的信息。例如，有些入侵检测系统采用了三级审计追踪：一级是用于审计操作系统核心调用行为的；二级是用于审计用户和操作系统界面级行为的；三级是用于审计应用程序内部行为的。

2.信息分析

对于所采集到的信息，主要通过三种分析方法进行信息分析：模式识别、统计分析和完整性分析。模式识别可用于实时入侵检测，而统计分析方法和完整性分析方法则用于事后分析和安全审计。

（1）模式识别方法

在模式识别方法中，必须预先建立一个入侵模式库，将已知的网络入侵模式存放在该库中。在系统运行时，将采集到的信息与入侵模式库中已知的网络入侵模式和特征进行比较，从而识别出违反安全策略的行为。模式识别精度和执行效率取决于模式识别算法。通常，一种入侵模式可以用一个过程（如执行一条指令）或一个输出（如获得权限）来表示。这种方法的主要优点是只需要收集相关的数据集合，可以显著地减少系统负担，并且具有较高的识别精度和执行效率。由于这种方法以已知的网络入侵模式为基础，不能检测到新的未知入侵模式，因此需要不断地升级和维护入侵模式库。然而，未知入侵模式的发现可能以系统被攻击为代价。

（2）统计分析方法

在统计分析方法中，首先为用户、文件、目录和设备等对象创建一个统计描述，统计正常使用时的一些测量平均值，如访问次数、操作失败次数和延迟时间等。在系统运行时，将采集到的行为信息与测量平均值进行比较，如果超出正常值范围，则认为发生了入侵事件。例如，使用统计分析来标识一个用户的行为，如果发现一个只能在早6点至晚8点登录的用户却在凌晨2点试图登录，则被认为发生了入侵事件。这种方法的优点是可以检测到未知的和复杂的入侵行为；缺点是误报率和漏报率比较高，并且不适应用户正常行为的突然改变。在统计分析方法中，有基于常规活动的分析方法、基于神经网络的分析方法、基于专家系统的分析方法、基于模型推理的方法和基于数据挖掘的分析方法等。

1）基于常规活动的分析方法

对用户常规活动的分析是实现入侵检测的基础，通过对用户历史行为的分析来建立用户行为模型，生成每个用户的历史行为记录库，甚至能够学习被检测系统中每个用户的行为习惯。当一个用户行为习惯发生改变时，这种异常行为就会被检测出来，并确定用户当前行为是否合法。例如，入侵检测系统可以对 CPU 的使用、I/O 的使用、目录的建立与删除、文件的读写与修改、网络的访问操作及应用系统的启动与调用等进行分析和检测。

通过对用户行为习惯的分析可以判断被检测系统是否处于正常使用状态。例如，一个用户通常在正常的上班时间使用机器，根据这个认识，系统很容易判断机器是否被合法地使用。这种检测方法同样适用于检测程序执行行为和文件访问行为。

2）基于神经网络的分析方法

由于一个用户的行为是非常复杂的，所以实现一个用户的历史行为和当前行为的完全匹配是十分困难的。虚假的入侵报警通常是由统计分析算法所基于的无效假设而引起的。为了提高入侵检测的准确率，应在入侵检测系统中引入神经网络技术，用于解决以下几个问题：

①建立精确的统计分布：统计方法往往依赖于对用户行为的某种假设，如关于偏差的高斯分布等，这种假设常常导致大量的假报警。而神经网络技术则不依赖于这种假设。

②入侵检测方法的适用性：某种统计方法可能适用于检测某一类用户行为，但并不一定适用于另一类用户。神经网络技术不存在这个问题，实现成本比较低。

③系统可伸缩性：统计方法在检测具有大量用户的计算机系统时，需要保留大量的用户行为信息。而神经网络技术则可以根据当前的用户行为来检测。神经网络技术也有一定的局限性，并不能完全取代传统的统计方法。

④基于专家系统的分析方法：根据安全专家对系统安全漏洞和用户异常行为的分析形成一套推理规则，并基于规则推理来判别用户行为是正常行为还是入侵行为。例如，如果一个用户在 5 min 之内使用同一用户名连续登录失败超过 3 次，则可认为是

一种入侵行为。

这种方法是基于规则推理的，即根据用户历史行为知识来建立相应的规则，以此来推理出有关行为的合法性。当一个入侵行为不触发任何一个规则时，系统就会检测不到这个入侵行为。因此，这种方法只能发现那些已知安全漏洞所导致的入侵，而不能发现新的入侵方法。另外，某些非法用户行为也可能由于难以监测而被漏检。

⑤基于模型推理的分析方法：在很多情况下，攻击者是使用某个已知的程序来入侵一个系统的，如口令猜测程序等。基于模型推理的方法通过为某些行为建立特定的攻击模型来监测某些活动，并根据设定的入侵脚本来检测出非法的用户行为。在理想情况下，应当为不同的攻击者和不同的系统建立特定的入侵脚本。当用户行为触发某种特定的攻击模型时，系统应当收集其他证据来证实或否定这个攻击的存在，尽可能地避免虚假的报警。

3）完整性分析方法

在完整性分析方法中，首先使用 MD5、SHA 等单向散列两数计算被检测对象（如文件或目录内容和属性）的检验值。在系统运行时，将采集到的完整性信息与检验值进行比较，如果两者不一致，则表明被检测对象的内容和属性发生了变化，则认为发生了入侵事件。这种方法能够识别被检测对象的微小变化或修改，如应用程序或网页内容被篡改等。由于该方法一般采用批处理的方式来实现，因此不能实时地做出响应。完整性分析方法是一种重要的网络安全管理手段，管理员可以每天在某一特定时段启动完整性分析模块，对网络系统的完整性进行全面检查。

可见，任何一种分析方法都有一定的局限性，应当综合运用各种分析方法来提高入侵检测系统的检测精度和准确率。

3. 攻击响应

攻击响应是指入侵检测系统在检测出入侵事件时所做的处理。通常，攻击响应方法主要是发出报警信息，报警信息发送到入侵检测系统管理控制台上，也可以通过 E—mail 发送到有关人员的邮箱中，具体方法取决于一个入侵检测系统产品所支持的报警方式和配置。同时，还要将报警信息记录在入侵检测系统的日志文件中，作为追查攻击者的证据。

一些入侵检测系统产品支持与防火墙的联动功能，当入侵检测系统检测到正在进行的网络攻击时，向防火墙发出信号，由防火墙来阻断网络攻击行为。

二、入侵检测的主要方法

目前，入侵检测技术的研究重点是针对未知攻击模式的检测方法及其相关技术，提出了一些检测方法，如数据挖掘、遗传算法、免疫系统等。其中，基于数据挖掘的检测方法通过分类、连接分析和顺序分析等数据分析方法来建立检测模型，提高对未知攻击模式的检测能力。

在数据挖掘中，采用分类方法对审计数据进行分析，建立相应的检测模型，并依据检测模型从当前和今后的审计数据中检测出已知的和未知的入侵行为，其检测模型的精确度依赖于大量的训练数据和正确的特性数据集。关联规则和频繁事件算法主要用于计算审计数据的一致模式，这些模式组成了一个审计追踪的轮廓，可用于指导审计数据的收集、系统特性的选择及入侵模式的发现等。

1. 数据预处理

在基于数据挖掘的入侵检测方法中，首先需要采集大量的审计数据，其中应当包含代表"正常"行为和"异常"行为的两类数据。然后对数据进行预处理，构造两个样本数据集：训练数据集和测试数据集。也可以先构造一个较大的样本数据集，然后将样本数据集分成训练数据集和测试数据集两部分，两者的比例大致为 6×4。

样本数据集主要来自每个主机上的日志文件或实时采集的网络数据包。为了描述一个程序或用户的行为，需要从样本数据集中提取有关的特征数据，如使用 TCP 连接数据来描述用户的连接行为。

2. 数据分类

分类是数据挖掘中常用的数据分析方法，通过分类算法将一个数据项映射到预定义的某种数据类上，并生成相应的模型或分类器输出。数据分类一般分为两个阶段。

第一阶段是使用一种分类算法建立模型或分类器，描述预定的数据类集合。分类算法首先在一个由样本数据组成的训练数据集上进行学习，然后根据数据特征和描述将一个数据项映射到预定义的某一数据类中，并建立分类器模型。分类算法可以采用分类规则、判定树或数学公式等。

第二阶段是在测试数据集上应用分类器进行数据分类测试，对分类器的精确度和效率进行评估。

将分类方法应用于入侵检测时，首先需要采集大量的审计数据，其中包含"正常"和"异常"两类数据，经过数据预处理后，构造一个训练数据集和一个测试数据集。然后在训练数据集上应用一种分类算法，建立分类器模型，分类器中的每个模式分别描述了一种系统行为样式。最后将分类器应用于测试数据集，评估分类器的精确度。一个良好的分类器应当具有高检测率和低误检率，高检测率是指正确检测到异常行为的概率；低误检率是指错误地将正常行为当作异常行为的概率，也称为假肯定率。一个良好的分类器可以用于今后对未知恶意行为的检测。

为了提高检测精确度，可以采用基于多个检测模型联合的分类模型，将多个分类器输出的不同证据组合成一个联合证据，以便产生一个更为精确的断言。这种联合分类模型可以采用一种层次化检测模型来实现。它定义了两种分类器：基础分类器和中心分类器，并按两层结构来组织这些分类器。底层是多个基础分类器，基础分类器的每个模式对应于一种系统行为样式，其作用是根据训练数据中的特征数据来判断一种系统行为是否符合该模型，然后作为证据提交给中心分类器进行最后的决策；高层是中心分类器，它根据各个基础分类器提交的证据产生最终的断言。这种层次化检测模型的基本学习方法如下：

（1）构造基础分类器：每个模型对应于不同的系统行为样式。

（2）表达学习任务：训练数据中的一个记录可以看作一个基础分类器所采集的证据，基础分类器将根据一个记录中的每个属性值来判定该系统行为是属于"正常"还是属于"异常"，即它是否符合该模型。

（3）建立中心分类器：使用一种学习算法来建立中心分类器，并输出最终的断言。

基于不同系统行为模式的多个证据进行综合决策，显然可以提高分类模型的精确度。这种层次化检测模型可以映射成一种分布式系统结构，不仅有利于提高检测精确度，而且还有利于分散检测任务负载，提高分类模型的执行效率。

3. 关联规则

关联规则主要用于从大量数据中发现数据项之间的相关性。数据形式是数据记录集合，每个记录由多个数据项组成。

一个关联规则可以表示成：X+Y、置信度和支持度。其中，X 和 Y 是一个记录中的项目子集，支持度是包含 X+Y 记录的百分比，置信度是 support(X+Y)/support(X) 比率。

在入侵检测中，关联规则主要用于分析和发现日志数据之间的相关性，为正确地选择入侵检测系统特性集合提供决策依据。

日志数据被表示成格式化的数据库表，其中，每一行是一个日志记录，每一列是一个日志记录的属性字段，以表示系统特性。在这些系统特性中，明显存在着用户行为的频繁相关性。例如，为了检测出一个已知的恶意程序行为，可以将一个特权程序的访问权描述为一种程序策略，它应当与读写某些目录或文件的特定权限一致，通过关联规则可以捕获这些行为的一致性。

例如，将一个用户使用 shell 命令的历史记录表示成一个关联规则：trn+rec.log。其中，置信度为 0.4、支持度为 0.15，它表示该用户调用 trn 时，40% 的时间是在读取 rec.log 中的信息，并且这种行为占该用户命令历史记录中所有行为的 15%。

4. 频繁事件

频繁事件是指频繁发生在一个滑动时间窗口内的事件集，这些事件必须以特定的最小频率同时发生在一个滑动时间窗口内。频繁事件分为顺序频繁事件和并行频繁事件，一个顺序频繁事件必须按局部时间顺序地发生，而一个并行频繁事件则没有这样的约束。

对于 X 和 Y，X+Y 则是一个频繁事件，而 X+Y, confidence=frequen−cy(X+Y) /frequency(X) 和 support=frequency(X+Y) 称为一个频繁事件规则。例如，在一个 Web 网站日志文件中，一个顺序频繁事件规则可以表示为 home, research−security。它表示当用户访问该网页（home）和研究项目简介（research）时，在 30s 内随后访问信息安全组（security）网页的情况为 30%，并且发生这个访问顺序的置信度为 0.3、支持度为 0.1。

由于程序执行和用户命令中明显存在着顺序信息，使用频繁事件算法可以发现日志记录中的顺序信息及其内在联系。这些信息可用于构造异常行为轮廓。

5. 模式发现和评价

使用关联规则和频繁事件算法可以从审计踪迹中生成一个规则集，它们由关联规则和频繁事件组成，可用于指导审计处理。为了从审计踪迹中发现新的模式（规则），可以多次以不同的设置来运行一个程序，以便生成新的审计踪迹。对于每次程序运行所发现的新规则，可以通过合并处理加入现有的规则集中，并使用匹配计数器（match count）来统计在规则集中规则的匹配情况。

在规则集稳定（无新规则的加入）后，便产生一个基本的审计数据集。然后通过修剪规则集，去除那些 match count 值低于某一阈值的规则，其中，阈值是基于 match count 值占审计踪迹总量的比率来确定的，通常由用户指定。

从日志数据中发现的模式可以直接用于异常检测。首先使用关联规则和频繁事件算法从一个新的审计踪迹中生成规则集，然后与已建立的轮廓规则集进行比较，通过评分功能进行模式评估。通常，它可以识别出未知的新规则、支持度发生改变的规则以及与支持度 / 置信度相悖的规则等。

为了评估分类器的精确度，通常使用一个测试数据集对分类器进行测试。根据有关的研究和实验，基于数据挖掘的入侵检测方法具有较高的检测率和较低的误检率，具体的与所采用挖掘算法、训练数据集以及系统构成等因素有关。

三、入侵检测系统分类

从系统结构和检测方法上，入侵检测系统主要分成两类：基于主机的入侵检测系统和基于网络的入侵检测系统。

1. 基于主机的入侵检测系统

HIDS 是通过分析用户行为的合法性来检测入侵事件的。在 HIDS 中，可以把入侵事件分为三类：外部入侵、内部入侵和行为滥用。

（1）外部入侵

它是指入侵者来自计算机系统外部，可以通过审计企图登录系统的失败记录来发现外部入侵者。

（2）内部入侵

它是指入侵者来自计算机系统内部，主要是由那些有权使用计算机，但无权访问某些特定网络资源的用户或程序发起的攻击，包括假冒用户和恶意程序。可以通过分析企图连接特定文件、程序和其他资源的失败记录来发现它们。例如，可以通过比较每个用户的行为模型和特定的行为来发现假冒用户；可以通过监测系统范围内的某些特定活动（如 CPU、内存和磁盘等活动），并与通常情况下这些活动的历史记录相比较来发现恶意程序。

（3）行为滥用

它是指计算机系统的合法用户有意或无意地滥用他们的特权，只靠审计信息来发现他们往往是比较困难的。

HIDS 采用审计分析机制，首先从主机系统的各种日志中提取有关信息，如哪些用户登录了系统，运行了哪些程序，哪些文件何时被访问或修改过，使用了多少内存和磁盘空间等。由于信息量比较大，必须采用专用检测算法和自动分析工具对日志信息进行审计分析，从中发现一些可疑事件或入侵行为。系统实现方法有两种：脱机分析和联机分析。脱机分析是指入侵检测系统离线对日志信息进行处理，分析和判别计算机系统是否遭受过入侵，如果系统被入侵过，则提供有关攻击者的信息。联机分析是指入侵检测系统在线对日志信息进行处理，当发现有可疑的入侵行为时，系统立刻发出报警，以便管理员对所发生的入侵事件做出适当的处理。

审计分析机制不仅提供了对入侵行为的检测功能，而且提供了用户行为的证明功能，可以用来证明一个受到怀疑的人是否有违法行为。因此，这种审计分析机制不仅是一种技术手段，还具有行为约束能力，促使用户为自己的行为负责，增强用户的责任感。进一步，审计分析机制可以用来发现那些合法用户滥用特权或者来自内部的攻击。

HIDS 是一种基于日志的事后审计分析技术，并非实时监测网络流量，因此对入侵事件反应比较迟钝，不能提供实时入侵检测功能。另外，HIDS 产品与操作系统平台密切相关，只局限于少数几种操作系统。

2. 基于网络的入侵检测系统

NIDS 采用实时监测网络数据包的方法进行动态入侵检测，NIDS 一般部署在网络交换机的镜像端口上，实时采集和检查数据包头和内容，并与入侵模式库中已知的入侵模式相比较。如果检测到恶意的网络攻击，则采取适当的方法进行响应。通常，NIDS 由检测器、分析器和响应器组成。

（1）检测器

用于采集和捕获网络中的数据包，并将异常的数据包发送给分析器。根据安全策略，可以部署在多个网络关键位置上。如果要检测来自互联网的攻击，则应当将检测器部署在防火墙的外面。如果要检测来自内部网的攻击，则应当将检测器部署在被监测系统的前端。

（2）分析器

接收来自检测器的异常报告，根据数据库中已知的入侵模式进行分析比较，以确定是否发生了入侵行为。对于不同的入侵行为，通知响应器做出适当的反应。其中，模式库用于存放已知的入侵模式，为分析器提供决策依据。

（3）响应器

根据分析器的决策结果，响应器做出适当的反应，包括发出报警、记录日志、与防火墙联动阻断等。

　　入侵检测系统捕获一个数据包后，首先检查数据包所使用的网络协议、数据包的签名以及其他特征信息，分析和推断数据包的用途和行为。如果数据包的行为特征与已知的攻击模式相吻合，则说明该数据包是攻击数据包，必须采用应急措施进行处理。

　　NIDS 能够有效地检测出已知的 DDoS 攻击、IP 欺骗等，对未知的网络攻击，仍存在检测盲点问题。这需要不断地更新和维护入侵模式库，开发具有自学习功能的智能检测方法来解决。另外，NIDS 目前还不能对加密的数据包进行分析和识别，这是一个潜在的隐患，因为密码技术已广泛应用于网络通信系统中。

　　NIDS 通常作为一个独立的网络安全设备来应用，与操作系统平台无关，部署和应用相对比较容易。

　　对于 NIDS 来说，检测准确率主要取决于入侵模式库中的入侵模式多少和检测算法的优劣，因此需要定期更新入侵模式库和升级软件版本，使 NIDS 能够检测到新的入侵模式和攻击行为。

　　另外，NIDS 检测准确率还与数据采集的完整性有关，数据采集和处理速度应与网络系统的传输速率相匹配，以避免因速率不匹配而造成数据丢失，影响到检测准确率。目前，NIDS 产品有 100 Mb/s（百兆）、1000 Mb/s（千兆）、10000Mb/s（万兆）产品，分别适合应用在对应速率的网络环境中。当然，它们的价格也相差较大。

四、入侵检测系统的应用

　　在实际应用中，通常将入侵检测系统连接在被监测网络的核心交换机镜像端口上，通过核心交换机镜像端口采集全网的数据流量进行分析，从中检测出所发生的入侵行为和攻击事件。

　　下面是几个入侵检测的例子，通过这些入侵检测例子可以体会到怎样来识别网络攻击。

　　1. 网络路由探测攻击

　　网络路由探测攻击是指攻击者对目标系统的网络路由进行探测和追踪，收集有关网络系统结构方面的信息，寻找适当的网络攻击点。如果该网络系统受到防火墙的保护而难以攻破，则攻击者至少探测到该网络系统与外部网络的连接点或出口，攻击者可以对该网络系统发起拒绝服务攻击，造成该网络系统的出口处被阻塞。因此，网络路由探测是发动网络攻击的第一步。

　　检测网络路由探测攻击的方法比较简单，查找若干个主机 2s 之内的路由追踪记录，在这些记录中找出相同和相似名字的主机。

　　网络路由探测也可以作为一种网络管理手段来使用。例如，ISP（Internet 服务提供商）可以用它来计算到达客户端最短的路由，以优化 Web 服务器的应答、提高服务质量。

2.TCP SYN flood 攻击

TCP SYN flood 攻击是一种分布拒绝服务攻击（DDoS），一个网络服务器在短时间内接收到大量的 TCP SYN（建立 TCP 连接）请求，导致该服务器的连接队列被阻塞，拒绝响应任何的服务请求。

3. 事件查看

通常，在网络操作系统中都设有各种日志文件，并提供日志查看工具。用户可以使用日志查看工具来查看日志信息，观察用户行为或系统事件。例如，在 Windows 操作系统中，提供了事件日志和事件查看器工具，管理员可以使用事件查看器工具来查看系统发生的错误和安全事件。在 Windows 操作系统中，主要有如下三种事件日志。

（1）系统日志

与 Windows NT Server 系统组件相关的事件，如系统启动时所加载的系统组件名，加载驱动程序时发生的错误或失败等。

（2）安全日志

与系统登录和资源访问相关的事件，如有效或无效的登录企图和次数，创建、打开、删除文件或其他对象等。

（3）应用程序日志

与应用程序相关的事件，如应用程序加载、操作错误等。

使用事件查看器工具可以查看这些事件日志信息，一般的用户可以查看系统日志和应用程序日志，而只有系统管理员才能查看安全日志。通常，每种事件日志都由事件头、事件说明以及附加信息组成。通过"事件查看器"可以查看指定的事件日志，每一行显示一个事件，包括日期、时间、来源、事件类型、分类、事件 ID、用户账号以及计算机名等。

在 Windows 操作系统中，定义了错误、警告、信息、审核成功和审核失败等事件类型，用一个图标（第 1 行）来表示。事件说明是日志信息中最有用的部分，它说明了事件的内容或重要性，其格式和内容与事件类型相关，并且各不相同。

五、动态威胁防御系统

现今为了成功地保护企业网络，安全防御必须部署在网络的各个层面，并采取新的检测和防护机制。作为一个设计优良的安全检测系统范例，它可以提供全面的检测功能，包括：集成关键安全组件的状态检测防火墙；可实时更新病毒和攻击特征的网关防病毒；IDS 和 IPS 预置数千个攻击特征，并提供用户定制特征的机制等。开发动态威胁防御系统。动态威胁防御系统（DTPS）是超越传统防火墙、针对已知和未知威胁、提升检测能力的新技术。它将防病毒、IDS、IPS 和防火墙模块中的有关攻击的信息进行关联，并将各种安全模块无缝地集成在一起。

由于在每一个安全功能组件之间可以互相通信，共享"威胁索引"信息，以识别可疑的恶意流量，而这些流量可能还未被提取攻击特征。通过跟踪每一安全组件的检测活动，实现降低误报率，以提高整个系统的检测精确度。相比之下，这些安全方案是多个不同厂商的安全部件（防病毒、IDS、IPS、防火墙）组合起来的，则相对缺乏协调检测工作的能力。美国 Fortinet 公司 FortiGate 安全平台，它通过集成的方式，采用动态威胁防御技术和高级启发式异常扫描引擎，实现实时安全防护。

动态威胁防御系统（DTPS）的原理简述如下。所有会话流量首先被每一个安全和检测引擎使用已知特征来进行分析。在特征模式的基础上，结合由硬件加速的精简模式识别语言，当前识别已知攻击的有效方法。

如果发现了特征的匹配，DTPS 按照在行为策略中定义的规则来处理有害流量重置客户端、重置服务器等。另外，安全防护响应网络可提供病毒库、IDS/IPS 特征以及安全引擎最新版本，以保持实时更新。这就保证了最新特征的威胁会被识别出来，并被快速阻挡。

如果不能找到特征的匹配，系统就会启动启发式扫描和异常检测引擎，会话流量会得到进一步的仔细检查，以发现异常。通过使用最新的启发式扫描技术、常检测技术和动态威胁防御系统，安全平台大大提高了对已知和未知威胁的防御能力，也有利于使性能达到最佳。

第七章 数据安全

在信息技术发展突飞猛进和数字化建设迅速发展的今天，随着计算机广泛应用于各个领域，为我们在生活中、工作中带来欢愉与效率的同时，我们拥有的数据的数量也伴随着 IT 应用领域的扩大而大幅增长。本节将对数据安全进行分析。

第一节 数据安全概述

国际标准化组织对计算机安全的定义为"为数据处理系统建立而采取的技术和管理的安全保护，保护计算机硬件、软件和数据不因偶然和恶意的原因而遭到破坏、更改和泄露"。

数据安全主要指保护数据的保密性、完整性及可用性。数据安全有以下两方面的含义：一是数据本身的安全，主要是指采用现代密码算法对数据进行主动保护，如数据保密、数据完整性、双向强身份认证等。二是数据防护的安全，主要是采用现代信息存储手段对数据进行主动防护，如通过磁盘阵列、数据备份、异地容灾等手段保证数据的安全。

网络环境下的数据安全应分为两个层面：数据的静态安全和数据的动态安全。静态安全是指防止存放在数据服务器存储设备内的数据被盗窃、修改、删除和破坏；而动态安全则指在数据传输交易过程中，防止被截获或篡改。

保证数据安全至少要有两方面的技术手段及工具。一是系统防护技术，指从桌面系统至网络环境，再到数据服务器的防入侵技术；二是系统保护技术，指数据备份、快速恢复、异地存放、远程控制、灾难恢复等技术。目前，系统防护技术是网络安全的主要课题。

一、数据的分类

对数据进行分类保护是计算机信息系统实施安全等级保护的基本原则。按照数据的价值划分类别，对不同类别的数据，应实施不同的安全等级保护：不同安全等级的保护，要求也不相同。从安全的角度出发，可以将数据分为以下五类。

1.公开数据。主要需对其完整性进行保护，按第一级保护的要求进行安全设计，数据一般采用常规备份。

2. 一般数据。该类数据具有一定使用价值，数据的破坏和泄露将会带来一定的损失，应按照第二级保护的要求进行安全设计，数据应该定时重点备份。

3. 重要数据。数据具有较高的机密度，拥有重要的价值，需要进行重点保护，应按照第三级，即监督保护级的要求进行安全设计，数据应进行冗余备份。

4. 关键数据。数据具有很高的机密度和使用价值，需要提供特别保护，应按第四级，即强制保护级的要求进行安全设计，数据应进行冗余备份并异地存放。

5. 核心数据。数据具有最高使用价值和机密程度，需要进行绝对保护，应按专控保护级的要求进行设计，数据的备份按一式多份并异地存放的原则实施。

二、数据安全的威胁

在信息爆炸的社会，数据安全经常受到各种威胁，常见的数据安全威胁主要包括以下 19 种类型：

1. 信息泄露。信息被泄露或透露给某个非授权的实体。

2. 破坏信息的完整性。数据因被非授权地进行增删、修改或破坏而受到损失。

3. 拒绝服务。对信息或其他资源的合法访问进行无条件的阻止。

4. 非法使用（非授权访问）。某一资源被某个非授权的人，或以非授权的方式使用。

5. 窃听。用各种可能的合法或非法的手段窃取系统中的信息资源和敏感信息。例如，对通信线路中传输的信号搭线监听，或者利用通信设备在工作过程中产生的电磁泄漏截取有用信息等。

6. 业务流分析。通过对系统进行长期监听，利用统计分析方法对诸如通信频度、通信的信息流向、通信总量的变化等参数进行研究，从中发现有价值的信息和规律。

7. 假冒。通过欺骗通信系统（或用户）达到非法用户冒充成为合法用户，或者特权小的用户冒充成为特权大的用户的目的。黑客大多采用假冒攻击。

8. 旁路控制。攻击者利用系统的安全缺陷或安全性上的脆弱之处获得非授权的权利或特权。例如，攻击者通过各种攻击手段发现原本应保密，但是计算机信息安全与网络技术应用又暴露的一些系统"特性"，利用这些"特性"，攻击者可以绕过防线守卫者侵入系统的内部。

9. 授权侵犯。被授权以某一目的使用某一系统或资源的某个人，却将此权限用于其他非授权的目的，也称作"内部攻击"。

10. 特洛伊木马。软件中含有一个觉察不出的、有害的程序段，当它被执行时，会破坏用户的安全。

11. 后门。在某个系统或某个部件中设置的"机关"，使得在特定的数据输入时，允许违反安全策略。

12. 抵赖。这是一种来自用户的攻击。如否认自己曾经发布过的某条消息、伪造一份对方来信等。

13. 重放。出于非法目的，将所截获的某次合法的通信数据进行复制、重新发送。

14. 计算机病毒。一种在计算机系统运行过程中能够实现传染和侵害功能的程序。

15. 人员不慎。一个授权的人为了某种利益，或由于粗心，将信息泄露给一个非授权的人。

16. 媒体废弃。信息被从废弃的磁盘或打印过的物理介质，如从纸张中获得。

17. 物理侵入。侵入者绕过物理控制而获得对系统的访问。

18. 窃取。窃取重要的安全物品，如窃取令牌或身份卡。

19. 业务欺骗。通过某一伪系统或系统部件，欺骗合法的用户或系统自愿放弃敏感信息等。

为防止计算机中的数据意外丢失，一般都采用许多重要的安全防护技术来确保数据的安全，主要技术为数据备份、数据隐藏技术。

三、数据生命周期管理

数据生命周期即信息生命周期。信息要经历产生、使用直到消亡这样一个完整的生命过程，并且在这个过程中，信息运动呈现周期性，其中，包括信息运动的一次性终结、简单往复式、螺旋上升式等过程。

（一）信息生命周期的概念

1985 年，著名的信息资源管理专家霍顿（F.W.Horton）在他的《信息资源管理》一书中提出信息生命周期的概念。霍顿认为，信息生命周期表现了信息运动的自然规律，是由一系列逻辑上相关联的阶段或步骤组成的。霍顿定义了两种不同形态的信息生命周期：

1. 基于人类信息利用和管理需求的信息生命周期，由需求定义、收集、传递、处理、储存、传播、利用 7 个阶段组成。

2. 基于信息载体的信息生命周期，由创造、交流、利用、维护、恢复、再利用、再包装、再交流、降低使用等级、处置 10 个阶段组成。

数据的价值通常会随着时间的推移逐渐降低，因此所有数据在创建时都应获得数据的类型、数据的价值和法律、法规所决定的数据的删除日期，系统将定期清除到期的数据。信息生命周期管理就是要根据应用的要求、数据的价值、数据的生命周期及数据所提供的服务等级，提供与之相适应的数据产生、存储、管理等策略，以最低的成本来保障数据的及时供应。

数据保护阶段需要保护数据免遭无意或者有意的损坏。由于从被破坏的数据中心恢复数据需要大量的时间和财力，所以越来越多的组织意识到制订相应的数据保护计划的重要性。数据保护阶段包含一系列技术和流程，例如，远程复制、数据备份等数据保护技术。信息生命周期管理将按照数据和应用系统的等级，采用不同的数据保护措施和技术，以保证各类数据和信息得到及时的和有效的保护。

信息生命周期管理的主要目标是确保信息可以支持业务决策和为企业提供长期的价值。因此，信息必须便于访问。此外，信息必须可以支持多种业务流程，因此这个阶段将成为信息生命周期管理与业务流程管理的交叉点。

数据迁移就是将数据从一种软硬件环境转移到另外一种软硬件环境中，并且不影响系统的正常运行。数据迁移可以提高系统的可用性，使数据在各级存储设备上的分布更为合理，从而提高系统的综合性能。

数据归档可以保证数据易于查询并且能够恢复被破坏的数据。维持一个数据备份和归档系统可以从多个方面支持企业的业务运作，可以提供交易和决策记录，此外，数据备份技术还可以恢复被破坏的记录。

许多数据经过很长的时期后，没有再继续保存的价值。在这个阶段，必须制定相应的政策规定，对没必要保存的数据进行回收或销毁。被回收或销毁的数据将从系统及数据存储设备中删除。此外，在数据销毁过程中，必须严格执行相应的规章条例或法律法规。

（二）信息生命周期管理模型

信息生命周期管理并不仅是某种或几种软硬件产品，而是一种结合了人员、流程和技术，旨在有效管理数据和信息的战略。确切地说，信息生命周期管理是一种信息管理模型，信息贯穿其整个生命的管理，从创建、使用到归档、处理。因此，可以说它是一种针对信息主动管理的过程策略，其宗旨在于最大限度地发挥信息的价值。

1. 分层模型

信息生命周期管理大致可以分为信息存储层、信息管理层和信息服务层三个层次。信息存储层主要解决数据的存储问题；信息管理层优化数据并保障数据的安全，确保信息不被损坏，并能展现本身的价值；信息服务层针对特定的应用提供相应的数据。

（1）信息存储层

由于信息价值是随着信息的重要性、使用时间、安全性、使用频率等因素的变化而变化的，因此为达到以较低的成本获得最大的价值，并能充分利用信息价值的目的，对不同价值的数据应该采取不同的存储策略和管理方案。

信息存储层一般采用分级存储管理。根据数据的价值，将数据存放在不同级别的存储设备上，并利用数据迁移技术将数据在不同级别的存储设备之间迁移，保证信息的价值和管理成本的平衡。

目前，各组织机构普遍拥有不同存储厂商的存储产品和数据管理软件，加上业内不同分支机构地理位置的差异，导致了企业内数据的分散与平台不统一，对数据的统一管理带来了很大困难。因此，最好不要使用 DAS 直连技术直接连接存储设备，推荐采用 NAS 或 SAN 等网络存储技术构建易扩展、易操作的存储系统，实现分层的网络存储体系，从而达到对数据的集中管理。这是实施信息生命周期管理不可或缺的一步。

（2）信息管理层

信息管理层包含数据安全、数据优化等。在管理层次上考虑数据访问的速率、数据的安全性以及数据的冗余管理，从而保证不同价值的信息能够满足各种应用服务的要求。

数据的安全性是各个组织机构根据自身需求或法律法规而设定的，与数据存储的级别无关。有时低级别的存储设备上存储的数据要求高安全性，故各组织机构一般按照自己的需求，对数据进行不同级别的安全保护。安全技术主要有数据加密、数据隐藏、访问控制、数据备份等。

为了防止数据的损失，可能同时使用快照、镜像、备份等技术，再加上人为的复制，造成一个数据可能在存储系统中有多个副本。此外，为保证数据更加容易访问，这就要求在存储过程中优化数据，使用标准化格式的数据，并在保证数据的安全性下消除多余的数据。数据优化不仅可以增加存储空间，还提高了数据的访问管理效率。

（3）信息服务层

信息既有显性价值，又有隐藏价值，信息的价值体现在各种不同的应用中。为实现信息的价值，必须采用一定的手段和方法将信息有序地组织起来，方便各类应用的使用。为挖掘出历史信息隐藏的价值，也会使用各种数据挖掘技术。

2. 立方体模型

立方体模型由基础技术维、软硬件结构维和信息生命周期维组成。基础技术维是存储系统为实现信息生命周期管理所采用的网络存储、虚拟存储、分级存储三种存储技术；软硬件结构维从存储系统的基础设施和上层软件的角度，分析了实现信息生命周期管理所需要的软硬件支持；信息生命周期维是信息在一个生命周期中随着价值的变化所处的各个不同的阶段，包括创建、保护、访问、迁移、归档和回收6个阶段，建立在基础技术维和软硬件结构维之上。

3. 三维模型

信息生命周期管理的三维模型由信息周期层、信息应用层、系统架构层三个逻辑层次组成，可以用一个XYZ图表示。信息周期层包括创建、保护、访问、迁移、归档、回收6个阶段，信息应用层包括信息存储层、信息管理层、计算机信息安全与网络技术应用层和信息服务层，系统架构层包括数据生命周期管理、存储网络架构、备份/恢复、灾备和存储硬件设备。

上述三个管理模型本质上是一样的，只是在表达方式上有所差异。都是根据信息的重要性、信息在生命周期不同阶段的价值采取相应的管理策略，达到相应的管理目标。

第二节　数据存储技术

在数据爆炸式发展的今天，根据需求选择一种合适的高性能数据存储方式变得非常重要。如何确保数据的安全性、一致性和可靠性，如何实现不同主机或不同系统的数据访问和保护，如何实现网络上的数据集中访问，以及便于实现不同数据的集中管理等问题，都需要新网络储存技术来实现。

数据存储是数据流在加工过程中产生的临时文件或加工过程中需要查找的信息。数据以某种格式记录在计算机内部或外部存储介质上。数据存储需要命名，这种命名要反映信息特征的组成含义。数据流反映了系统中流动的数据，表现出动态数据的特征；数据存储反映系统中静止的数据，表现出静态数据的特征。

数据存储技术有两种划分方式，一种是根据存储设备类型划分；另一种是根据存储架构划分。

一、数据备份

数据备份是为防止系统出现操作失误或系统故障导致数据丢失，而将整个系统数据或部分重要数据集合打包，从应用主机的硬盘或阵列中复制到其他的存储介质的过程。

（一）数据备份的种类

目前用得最多的备份策略主要有以下 4 种。

1. 完全备份

完全备份就是用存储介质对全部数据进行备份。这种备份方式冗余性最强，且直观易用。当发生灾难导致数据损失时，只要用灾难发生前的备份介质就可以恢复损失的数据。然而完全备份也存在一些不足之处。首先，由于对所有数据进行完整的备份，造成备份数据大量重复，占用了大量的磁带空间，导致成本增加；其次，由于备份的数据量较大，备份所需的时间也就较长，对于那些业务繁忙、备份时间有限的单位来说，不适合选取这种备份策略。

2. 累计备份或差分备份

即每次备份的数据是相对于上一次全备份之后新增加的和修改过的数据。差分备份无须每天都做系统完全备份，因此备份所需时间短，并节省磁带空间。它的灾难恢复也很方便，系统管理员只需两盘磁带，即系统全备份的磁带与发生灾难前一天的备份磁带，就可以将系统完全恢复。

3. 增量备份

增量备份是对上一次备份后所有发生变化的文件进行备份。这种备份策略的优点是节省了磁带空间，缩短了备份时间。但它的缺点在于，当灾难发生时，数据的恢复比较麻烦。例如，系统在星期三的早晨发生故障，丢失了大量的数据，那么现在就要将系统恢复到星期二晚上时的状态。这时系统管理员就要首先找出星期天的那盘完全备份磁带进行系统恢复，然后再找出星期一的磁带来恢复星期一的数据，然后找出星期二的磁带来恢复星期二的数据。另外，这种备份的可靠性也很差。在这种备份方式下，各盘磁带间的关系就像链子一样，一环套一环，其中任何一盘磁带出了问题都会导致整条链子脱节。比如在上例中，若星期二的磁带出了故障，那么管理员最多只能将系统恢复到星期一晚上时的状态。

4. 按需备份

按需备份是根据需要对资料进行备份。例如，有大量数据时，只有少数的数据需要保护，所以可以对需要保护的数据采取按需备份。

前三种备份方式的备份数据量是依次递减的，即完全备份＞累计备份或差分备份＞增量备份。在实际应用中，备份策略通常是以上三种的结合，且备份的执行时间与频率是依据业务重要程度而决定的。例如，每周一至周六进行一次增量备份或差分备份，每周日进行完全备份，每月底进行一次完全备份，每年底进行一次完全备份。

（二）数据备份的方式

目前，数据备份的方式分为冷备份和热备份两种。

1. 冷备份

冷备份是一种花费较小的数据备份方式，主要通过采用磁带等存储设备将关键数据进行定期存储，然后将数据的备份分别存放，以实现灾难备份。其优点在于技术含量低、易于实现，而且花费比较小；同时也存在一些不足，就是备份和恢复数据所花时间较长，而且如果备份的存储介质出现问题，则可能无法恢复数据。因此只有在投资比较紧张，而且对数据保护的要求不是很高的情况下，才采用冷备份方式。

2. 热备份

热备份是所有灾难备份方式中备份效果最好、恢复最快的一种方式。热备份实现方式为设置灾难备份中心，采用专用设备，通过光纤，建立与要备份的服务器系统的联系。然后采用特定的管理软件对要进行实时备份的目标服务器系统进行监控。在整个灾难备份系统安装完成以后，可以基本不需要人工操作。它能监控发现目标服务器系统的任何问题，自动进行任何数据操作，达到防患于未然的效果，减轻了管理员的工作量。但是这种方式仍存在许多不足，首先因为使用专门的设备和管理软件，因此费用昂贵，而且它只能实现点对点的数据传输，扩展性很差，系统初期安装的技术难度大，对厂商的依赖程度较高。因此，热备份只有在用户对数据的可靠性、安全性、实时性要求特别高的时候才使用。

二、数据存储的存储设备类型

存储设备类型是指通过采用 SCSI.FC.TCP/IP、ISCSI 等接口类型、数据传输协议，以及不同数据存储介质的存储设备。常见的存储设备可为 SCSI 存储、IP 存储、FC 存储和磁带存储。

（一）IDE 设备

IDE，即"电子集成驱动器"或"集成设备电路"，是指把"硬盘控制器"与"盘体"集成在一起的硬盘驱动器。IDE 是一种磁盘驱动器接口类型，硬盘和光驱通过 IDE 接口与主板连接。控制器电路就驻留在驱动器中，不需要单独的适配器卡。

IDE 产生的基本思想是应该将硬盘驱动器和控制器组合在一起。用控制器芯片完成设备与主机之间的 IDE 控制命令，以及数据监控/传输等功能。大多数控制器还带有一些内存，它充当缓冲器以增强硬盘驱动器性能。

IDE 设备有主设备和从设备的区分，而且其控制方式是单线程的。也就是说，当系统中的一个 IDE 控制器正在对一个具体 IDE 设备进行操作时，另一个设备总是处于不工作的等待状态。同时，由于 IDE 主设备拥有比从设备更高的控制优先权，因此 IDE 控制器总是优先开始处理主设备。

IDE 数据传输/连接的电缆有两种，一种是普通的 40 芯的数据线；另一种是增加了 40 条地线的 80 芯数据线。它们都可用于连接所有 IDE 设备，但只有 80 芯的数据连接电缆才能实现 Ultra ATA/66 或 Ulra ATA/100 的功能。不过，80 芯的 IDE 数据连接电缆有着比 40 芯 IDE 电缆更严格的主/从设备安装位置要求。通常使用 80 芯的数据线来连接硬盘，而光驱及其他 IDE 设备大多使用 40 芯的数据线就足够了。

（二）SCSI 存储

SCSI 存储即采用 SCSI 接口或 IDE 接口的存储技术，SCSI 是小型计算机系统接口，一种用于计算机和智能设备之间（硬盘、软驱、光驱、打印机、扫描仪等）系统级接口的独立处理器标准。SCSI 是一种智能的通用接口标准，它是各种计算机与外部设备之间的接口标准。

SCSI 接口是一个通用接口，在 SCSI 母线上可以连接主机适配器和 8 个 SCSI 外设控制器，外设可以包括磁盘、磁带、CD-ROM、可擦写光盘驱动器、打印机、扫描仪和通信设备等。SCSI 是个多任务接口，设有母线仲裁功能。挂在一个 SCSI 母线上的多个外设可以同时工作，SCSI 上的设备平等占有总线。SCSI 接口可以同步或异步传输数据，同步传输速率可以达到 10MB/s，异步传输速率可以达到 1.5MB/s，SCSI 接口接到外置设备时，它的连接电缆可以长达 6m。SCSI 有三种版本，分别为 SCSI-1、SCSI-2、SCSI-3。

SCS—1 是最原始的版本，异步传输的频率为 3MB/s，同步传输的频率为 5MB/s，虽然现在几乎被淘汰了，但还会使用在一些扫描仪和内部 ZIP 驱动器中（采用的是 25 针接口）。也就是说，若是将 SCSI-1 设备连接到你的 SCSI 卡，必须有一个内部的 25 针对 50 针的接口电缆；若是使用外部设备时，就不能采用内部接口中的任何一个（此时的内部接口均不可以使用）。

早期的 SCSI-2，称为 Fast SCSI，通过提高同步传输的频率使数据传输速率从原有的 5MB/s 提高为 10MB/s，支持 8 位并行数据传输。后来出现的 Wide SCSI，支持 16 位并行数据传输，数据传输率也提高至 20MB/s，此版本的 SCSI 使用一个 50 针的接口，主要用于扫描仪、CD-ROM 驱动器及老式硬盘中。

SCSI 有以下一些优点：

1. SCSI 可支持多个设备，SCSI-2（Fast SCSI）最多可接 7 个 SCSI 设备，Wide SCSI-2 以上可接 16 个 SCSI 设备。也就是说，所有的设备只需占用一个 IRQ，同时 SCSI 还支持相当广的设备，如 CD-ROM、DVD、CDR、硬盘、磁带机、扫描仪等。

2. SCSI 允许在对一个设备传输数据的同时，另一个设备对其进行数据查找。这就可以在多任务操作系统如 Linux、Windows 中获得更高的性能。

3. SCSI 占用 CPU 极低，确实在多任务系统中占有明显的优势。由于 SCSI 卡本身带有 CPU，可处理一切 SCSI 设备的事务。在工作时主机 CPU 只要向 SCSI 卡发出工作指令，SCSI 卡就会自己进行工作，工作结束后返回工作结果给 CPU。在整个过程中，CPU 均可以进行自身工作。

4. SCSI 设备还具有智能化的功能，SCSI 卡自己可对 CPU 指令进行排队，这样就提高了工作效率。在多任务时硬盘会在当前磁头位置，将邻近的任务先完成，再逐一进行处理。

5. 最快的 SCSI 总线有 160MB/s 的传输速率，这要求使用一个 64 位的 66MHz 的 PCI 插槽，因此在 PCI-X 总线标准中所能达到的最大速率为 80MB/s，若配合 10000r/min 或 15000r/min 转速的专用硬盘使用将带来明显的性能提升。

SCSI 存储不仅可以使用 SCSI 接口，还可以使用 IDE（Integrated Drive Electronics）接口。IDE 设备采用 16 位数据并行传送方式，体积小、数据传输快。一个 IDE 接口只能接两个外部设备。一般用于 PC 机，最高转速 7200r/min，又称为 PATA 并口。IDE 设备一般是指把"硬盘控制器"与"盘体"集成在一起的硬盘驱动器。把盘体与控制器集成在一起就减少了硬盘接口的电缆数目与长度，数据传输的可靠性得到了增强，同时也提高了硬盘的兼容性。

（三）IP 存储

现在有三种协议可用来在 TCP/IP 上传输存储数据：iSCSI（Internet SCSI）、FCIP（Fiber Channel Over TCP/IP）和 iFCP（Internet FCP）。它们形成一个基于 IP 的存储协议体系，称为 IP 存储。

这些标准有一个共同之处，即都在 TCP/IP 上传输 SCSI。iSCSI 把 SCSI 链映射到 TCP/IP；FCIP 在两个隔开的光纤通道之间通过 TCP/IP 隧道传输光纤通道交通；iFCP

是一个网关到网关的协议，为光纤通道终端提供通过 IP 网络访问光纤通道交换网的途径，并被用作从已有的光纤通道 SAN 向全部采用 TCP/IP 技术的 SAN 过渡的一种机制。

1. iSCSI

SCSI 是一个被广泛采用的计算机与 I/O 设备，特别是存储设备通信的协议。它采用客户—服务器体系结构。SCSI 接口的客户被称作发起方，发起方发送 SCSI 命令，请求被称作目标方的逻辑单元的服务。SCSI 的传输协议把客户—服务器模式的 SCSI 协议映射到一个具体的链接。发起方是 SCSI 传输的一个端点，目标方是另一个端点。

SCSI 协议被映射到多种传输链接上，包括并行 SCSI 和光纤通道。这些传输链接都是 I/O 特有的，并且只支持有限的距离。

iSCSI 的基本思想是在 TCP/IP 网络上传输 SCSI 分组。因此，iSCSI 采取的是与光纤通道类似的方法，其实现形式是作为一个设备驱动程序安装在操作系统中。不同点在于，iSCSI 是用 TCP/IP 连接代替 SCSI 电缆，类似于 FCP，iSCSI 驱动程序实现 SCSI 协议，并把 SCSI 链映射到 TCP/IP 网络。

作为一个传输协议，iSCSI 在标准的 TCP/IP 网络上传输 SCSI 请求和应答，SCSI 命令、响应和数据都被封装在 TCP/IP 分组中传输。iSCSI 发起方和 iSCSI 目标方在通信之前需要在它们之间建立会话，一个会话既可以使用一条 TCP 连接，也可以使用多条 TCP 连接。

iSCSI 发起方和目标方之间通过标准 IP 网络连接，网络接口设备既可以是标准的网卡，也可以是专用的 iSCSI 适配器。普通的网络接口卡虽然可以在主机和存储设备之间传送数据分组，但不适宜传送块状数据。为了能够在网络接口卡（NIC）上传送块状数据，需要先把 SCSI 命令和数据封装到 iSCSI 协议数据单元（PDU）交给 TCP/IP 协议。如果在主机上运行 iSCSI 驱动程序来完成此项工作，需要占用主机的 CPU 资源，因而会降低主机服务于应用程序的性能。

不同于普通的 NIC 网卡，主机总线适配卡（HBA）专门用来在主机和存储设备之间传送块状数据，数据块被整个送入 HBA，由 HBA 中的专用芯片实现 iSCSI 协议，完成 iSCSI PDU 的封装和解封装工作，从而可分担 CPU 的相关工作。

2. 在 TCP/IP 上的光纤通道（FCIP）

FCIP 在基于 IP 网络上的互联分散的光纤通道 SAN 孤岛，形成在单个光纤通道交换网内的统一存储区域网。光纤通道通信距离一般不超过 100~200km，因此不适合长距离通信。FCIP 利用 TCP/IP 协议传输光纤通道数据帧，从而解决光纤通道网络的距离限制问题。

FCIP 是一个协议标准，它把整个光纤通道数据帧，包括帧头，一起封装在一个 TCP 文段中。该报文段在网络层又被加上 IP 头，形成 IP 分组后通过 IP、网络传输。接收端收到 IP 分组后，在网络层和传输层分别去除 IP 头和 TCP 头，剩下光纤通道的数据帧，被交给光纤通道去处理。

通过 IP 网络隧道传输光纤通道帧的设备必须集成光纤通道（FC）实体和 FCIP 实体，在光纤通道交换网和 IP 网络之间形成一个完全的接口。

FCIP 封装光纤通道信息块，并把它放在 TCP 套接口上传送。TCP/IP 服务被用来在远程设备之间建立连接。该传输服务不对光纤通道分组做任何改动，只是被封装在 IP 分组中传输。

FCIP 的主要优点是克服光纤通道的距离限制。它将现已存在的 IP 基础设施和在地理上分散的光纤通道 SAN 设备连接在一起，同时仍然保持光纤通道交换网服务的完整性。

FCIP 设备通常使用 E 端口连接到源光纤通道交换机上，目的地在远程场点的 FC 帧被封装到 IP 分组中，然后通过 IP 网络传输。在接收端，IP 分组被解开，其中的 FC 帧被传送到接收端的光纤通道交换机的 E 端口再继续进行路由传送。由于 FCIP 实现了远程的标准 E 端口连接，普通光纤通道交换机之间的协议信息也可以通过广域网链路传输，从而能够在更大范围内创建单个光纤通道交换网。通过延续 E 端口连接，FCIP 隧道非常适合只在两个站点之间需要连接时应用。在当前产品市场上，某些 FCIP 设备可以提供额外的缓冲区以弥补光纤通道交换机缓冲区限制的问题，还可以提供数据压缩使得可提供的 WAN 带宽的利用率最大化。

FCIP 是一个点到点的广域连接，因此每个远程链路都需要一对 FCIP 设备，并且每个远程场点都假设对方除了端结点之外还有一台光纤通道交换机。因为大多数组织机构都已经有了一个 IP 基础设施，能够以相对低的代价把地域上分散的 SAN 连接起来的解决方案是很有吸引力的。FCIP 封装光纤通道块数据，然后在一个 IP 套接口上传输。TCP/IP 服务被用来在远程 SAN 之间建立连接。任何拥塞控制和管理以及数据错误、数据丢失等都由 TCP/IP 服务处理，并且不影响光纤通道交换网的服务。FCIP 的要点在于，它并不使用 TCP/IP 来代替光纤通道，它只是使用 TCP/IP 隧道实现的光纤通道交换机之间的连接。

3. iFCP 互联网光纤通信协议

iFCP 是一个网关到网关的协议，它为在 TCP/IP 网络上的光纤通道设备提供光纤通道交换网服务。iFCP 使用 TCP 提供拥塞控制、错误检测和恢复。iFCP 的主要目标是允许现有的光纤通道设备在 IP 网络上以导线速度互联和联网，特别是允许光纤通道存储设备通过网关附接到基于 IP 的光纤通道交换网。iFCP 协议使得有可能在 IP 网络上实现光纤通道交换网的功能，使用 IP 组件和技术来代替光纤通道的交换和路由设施。

在交换网端口内部，网关呈现为一个光纤通道交换机。在这个接口处，远程 N 端口被看成是交换网附接的设备。相反，在 IP 网络那一边，网关把每个在本地连接的 N 端口呈现为一个逻辑光纤通道设备。

网关区域是远程附接的 N 端口通过一个 iFCP 网关可以访问的那部分 iFCP 交换网。在一个网关区域中的光纤通道设备指的是本地连接到该网关的那些光纤通道设备。在一般的情况下，每个网关区域就像是一个自治系统，它的配置对 IP 网络和其他网关区域不可见。

跨越 TCP/IP 网络的 N 端口到 N 端口的通信需要网关内 iFCP 层的协调。网关的操作包括：执行帧的编址和映射功能、封装光纤通道帧从而注入 TCP/IP 网络，以及解封装从 TCP/IP 网络接收到的光纤通道帧、响应指向远程设备的 PLOGI（Port Login）建立 iFCP 会话。

iFCP 交换网支持 2 类和 3 类光纤通道服务，不支持 4 类、6 类和 1 类服务。在交换网登录期间，N 端口负责发现交换网所支持的传输服务类别。

iFCP 与 FCIP 显著的不同点是它实际使用 TCP/IP 和千兆位或万兆位以太网代替低层光纤通道传输。在 FCIP 隧道中，IP 地址是分配给网关的，而在各个光纤通道区域网络内部的存储设备没有对应的 IP 地址。与 FCIP 不同，iFCP 和 iSCSI 都是为网络存储的每个参与方分配单独的 IP 地址。这就允许企业网络上可以访问 TCP/IP 网络的工作站都可以访问网络存储设备，也允许把来自任何设备的流量都置于 IP 路由控制和 TCP 会话控制之下，并且可以使用传统的 IP 网络管理工具来监控发起方和目标方之间的通信。

iFCP 主动介入 N 端口之间帧的传输中。iFCP 网关管理光纤通道事务，并在光纤通道和 IP 网的区域之间的边界处截取端口的登录请求。在 E 端口连接到光纤通道交换机的情况下，iFCP 网关终止本地站点的 E 端口连接，并模拟交换网。iFCP 主要的优点是：它克服了距离限制，允许把分散的 SAN 连接在一起，把光纤通道设备集成到熟悉的 IP 基础设施。通过使用 iFCP 作为网关到网关的协议，企业既可以受惠于现有的光纤通道设备，又可以有效地利用企业内部网络所具备的易于扩展性和易于管理性。iFCP 的缺点是：它的复杂度要高于 FCIP，另外 iFCP 面临的工程难点是以线性速串执行复杂功能的同时，还要支持光纤通道和 IP 标准。

（四）磁带存储

磁带存储技术有很多种，比较有代表性的主要有 DAT、8mm、DLT、LTO、AIT 及 VXA 等。

1. DAT 技术

DAT（Digital Audio Tape）技术又称为数码音频磁带技术，也叫作 4mm 磁带机技术，DAT 使用影像磁带式技术—旋转磁头和按对角方式穿越 4mm 磁带宽度的螺旋式扫描磁道来达到快速访问数据的目的，即使是很小的磁带盒也可以达到很高的容量。这种技术后来也使用 8mm 磁带盒。最初是由惠普公司（HP）与索尼公司（SONY）共同开发出来的。这种技术以螺旋扫描记录为基础，将数据转化为数字后再存储下来。早期的 DAT 技术主要应用于声音的记录，后来随着这种技术的不断完善，又被应用在数据存储领域。4mm 的 DAT 经历了 DDS-1、DDS-2、DDS-3、DDS-4 几种技术阶段，容量跨度在 1—12GB，目前一盒 DAT 磁带的存储量可以达到 12GB，压缩后则可以达到 24GB。DAT 技术主要应用于用户系统或局域网。

2. 8mm 技术

8mm 技术由安百特公司在 1987 年开发,采用螺旋扫描技术,其特点是磁带容量大、传输速率高,它在较高的价位上提供了相对较高容量的存储解决方案,8mm 磁带机的发展经历了 8200、8500、8500c 和 8900(mammoth)的数据格式,容量从最初的 2GB 发展到现在的 40GB,传输速率最快可达 6MB/S。新一代的 Mammolh-2 技术又进一步提升,存储容量达到 170GB(非压缩 60GB),传输速率 30MBA(非压缩 12MBA),在技术上有广阔的发展空间。其主要制造商是 Exabyte 公司。

3. DLT 技术

DLT(数字线性磁带)技术源于 1/2 英寸磁带机。1/2 英寸磁带机技术出现很早,主要用于数据的实时采集,如程控交换机上话务信息的记录、地震设备的振动信号记录等。DLT 磁带由 DEC 和昆腾 Quantum 公司联合开发。由于磁带体积庞大,DLT 磁带机全部是 5.25 英寸全高格式。DLT 产品由于高容量,主要定位于中、高级的服务器市场与磁带库系统。目前,DLT 驱动器的容量在 10—80GB 之间,数据传送速度相应有 1.25—10MB/s。另外,一种基于 DLT 的 Super DLT(SDLT)是昆腾公司 2001 年推出的格式,它在 DLT 技术基础上结合新型磁带记录技术,使用激光导引磁记录(LGMR)技术,通过增加磁带表面的记录磁道数使记录容量增加。目前,SDLT 的容量为 160GB,近 3 倍于 DLT 磁带系列产品;传输速率为 11MB/s,是 DLT 的两倍。

4. LTO 技术

LTO(Unear Tape Open)技术,即线性磁带开放协议,是由 HP、IBM、Seagate 三家厂商在 1997 年 11 月联合制定的。该技术结合了线性多通道、双向磁带格式的优点,基于服务系统、硬件数据压缩、优化的磁道面和高效率纠错技术,来提高磁带的能力和性能。LTO 是一种开放格式技术,用户可拥有多项产品和多规格存储介质,还可提高产品的兼容性和延续性。

LTO 技术有两种存储格式,即高速开放磁带格式 UItrium 和快速访问开放磁带格式 Acelis,可以分别满足不同用户对 LTO 存储系统的要求,UItriurm 采用单轴 1/2 英寸磁带,非压缩存储容量 100GB、传输速率最大 20MB/s,压缩后容量可达 200GB,而且具有增长的空间,非常适合备份、存储和归档应用。oAccelis 磁带格式则侧重于快速数据存储,Accelis 磁带格式能够很好地适用于自动操作环境,可处理广泛在线的数据和恢复应用。

5. AIT 技术

AIT 是指先进智能磁带,英文为 Advanced In elligent Tape,具有螺旋扫描、金属蒸发带等先进技术。AIT 的数据保护性能比较突出,AIT 已经发展到 AIT-3,目前开发 AIT 技术的索尼公司和专注在 AIT 技术上开发产品的 Spectra Logic 公司都在大力地推广采用 AIT 的产品,现已成为磁带机工业标准。AIT 使用一种含有记忆体晶片的磁带,通过在微型晶片上记录磁带上文件的位置,大大减少了存取时间。

AIT 采用螺旋扫描方式进行记录,与家用录像机的工作原理一样。这样一来,整个磁带机中，只有磁鼓是高速旋转，其他部件，如磁带、伺服机构都是低速运动的。这样的结构紧凑合理、易于设计和维护。而 LTO、DLT、SDLT 都是线性记录，像录音机一样，磁头是固定不动的，磁带直线运动通过磁头。与录音机不同的是，磁带机要保证记录速度，就要让磁带高速通过磁头，为此，就需要复杂机构控制磁带抖动、冷却高速运动的各种部件和轴承。在相同材料下，采用螺旋扫描的方式能使材料寿命延长。

从应用方面来讲，对于企业级用户来说，AIT 磁带库可用于数据备份。与其他同容量、同传输速率的产品相比，AIT 机架式的带库具有体积小、能耗低、容量大、价格便宜的优点。对于终端用户，AIT 自动加载机是较好的选择。考虑到数据容量和自动备份等问题，可选用能容纳 4 盘磁带的自动加载机。

6. VXA 技术

VXA 技术是由 Exabyie（安百特）公司开发的磁带备份技术，VXA 技术不依赖于精确的磁头和磁道位置来保证读写的可靠性，它不像流式磁带设备为定位磁道而需要昂贵的高精度的部件和精确的机械零件。不同于传统的磁带驱动器，VXA 通过自动调节磁带移动速率和主机的传输速率相匹配而完全消除磁带"回扯"问题，能够显著提高介质和驱动器的可靠性，进而优化了备份和存储。VAX 以包的格式多些数据，对磁带上的数据记录区进行无空隙扫描，目前已经从 VAX-1 发展到 VAX-2。在保持高可靠性的基础上，提高了速度和容量，单盒磁带容量为 160GB（非压缩为 80GB）、速度为 12MB/s（非压缩为 6MB/s）。

三、数据存储的网络架构

当前主流的存储系统网络架构有 DAS（直连式存储）、NAS（网络附属存储）、SAN（存储区域网络）三种网络架构。

（一）DAS 存储技术

DAS 是指将储存设备通过 SCSI 接口或光纤通道直接连接到一台计算机上，当服务器在地理上比较分散、很难通过远程连接进行互联时，DAS 是一个比较好的方法。DAS 已经有近 40 年的使用历史，是目前最常用的网络储存设备。但是随着用户数据的不断增长，尤其是数百 GB 以上时，其在备份、恢复、扩展、灾备等方面的问题日益困扰着系统管理员，主要有以下三个原因：

1. DAS 储存方式

DAS 依赖服务器主机操作系统进行数据的 I/O 读写和存储维护管理，数据设备和恢复要占用服务器主机资源（包括 CPU、系统 I/O 等），数据流需要流回主机再到服务器连接的磁带机（库），数据存储占用服务器主机资源的 20% ~ 30%。因此许多企事业单位的用户日常数据存储常常在深夜或业务系统不繁忙时进行，以免影响正常业务系统的运行。DAS 储存的数据量越大，存储和恢复的时间就会越长，对服务器硬件的依赖性和影响力就越强。

2. DAS 的 SCSI 连接

DAS 与服务器主机之间是采用 SCSI 连接的，带宽为 10Mbps、20Mbps、40Mbps、80Mbps 等。随着服务器 CPU 的处理能力越来越强，存储硬盘空间越来越大，阵列的硬盘数量越来越多，SCSI 通道将会成为 I/O 瓶颈：服务器主机 SCSI ID 资源有限，能够建立的 SCSI 通道连接也有限。

3. DAS 的限制

无论 DAS 储存还是服务器的扩展，从一台服务器扩展为多台服务器组成的集群或储存阵列容量的扩展，都会造成业务系统的停机，从而给企事业单位带来经济损失。对于银行、电信、传媒等行业全年无休，每天 24 小时服务的关键业务系统，这是不可能接受的。并且 DAS 储存或服务器主机的升级扩展，只能由原厂商提供，因此受设备厂商的限制。

（二)NAS 存储技术

NAS 是一种将分布、独立的数据整合为大型、集中化管理的数据中心，以便对不同主机和应用服务器进行访问的技术。它是一种专用数据存储服务器，包括存储器件（如磁盘阵列、CD/DVD 驱动器、磁带驱动器或可移动的存储介质）和内嵌系统软件，可提供跨平台文件共享功能。

NAS 通常在一个 LAN 上占有自己的节点，无须应用服务器的干预，允许用户在网络上存取数据。在这种配置条件下，NAS 集中管理和处理网络上的所有数据，将负载从应用或企业服务器上卸载下来，有效降低总拥有成本，保护用户投资。NAS 本身能够支持多种协议（如 NFS、CIFS、FTP、HTTP 等），而且能够支持各种操作系统。通过任何一台工作站，采用 IE 或 Netscape 浏览器就可以对 NAS 设备进行直观方便的管理。目前，国际著名的 NAS 企业有 Netapp、EMC、OUO 等。

NAS 是一个自带操作系统的储存设备，其作用相当于一个专用的数据服务器。这种专用存储设备可附加大容量的存储，同时具有根据文件系统进行重新设计和优化的内嵌操作系统，以提供高效率的文件存储服务。

1. NAS 的关键特性如下所述：

（1）去掉了大多数与通用服务器数据传输无关的计算功能，仅提供文件系统的存储功能，降低了存储设备的成本。此外，为方便在网络之间进行存储，同时以最有效的方式发送数据，专门优化了系统软硬件体系结构。

（2）它的模式以网络为中心，利用现有的以太网资源来接入专用的网络储存设备，而不用另外部署光纤交换机来连接传统的储存设备。

2. NAS 目前在市场中拥有巨大的需求，主要优点如下：

（1)NAS 适用于那些需要通过网络将文件数据传送到多台客户机上的用户，NAS 设备在数据必须长距离传送的环境中可以很好地发挥作用。

（2)NAS 设备非常易于部署，可以使 NAS 主机、客户机和其他设备广泛分布在整个企业的网络环境中，NAS 可以提供可靠的文件级数据整合，因为文件锁定是由设备自身来处理的。

（3）NAS 应用于高效的文件共享任务中，不同的主机与客户端通过文件共享协定存取 NAS 上的资料，实现文件共享功能。例如，UNIX 中的 NFS 和 Windows NT 中的 CIFS，其中，基于网络的文件级锁定提供了高级并发访问保护的功能。

（三）SAN 存储技术

存储区域网络（SAN）是一种高速网络或子网络，提供在计算机与存储系统之间的数据传输。存储设备是指一张或多张用以存储计算机数据的磁盘设备。一个 SAN 网络由负责网络连接的通信结构、负责组织连接的管理层、存储部件以及计算机系统构成，从而保证数据传输的安全性和力度。SAN 经过十多年的发展，已经相当成熟，成为各个组织的事实标准。SAN 储存采用的带宽从 100Mbps、200Mbps，发展到目前的 1Gbps、2Gbps。

SAN 作为网络基础设施，是为了提供高扩展、高性能和灵活的存储环境而设计的。SAN 不同于通常所用的网络，是为连接磁带库、磁盘阵列、服务器等存储设备而专门建立的高性能网络。它提供了极好的网络连接，服务器不仅可以访问存储区域网上的所有存储设备，而且存储网上的存储设备之间、存储设备同 SAN 交换机之间也可以进行通信。这种网络采用光纤通道协议来传输数据，且是本地的高速连接，从而保证巨大的数据传输带宽（100Mbps），特别适合于服务器集群、灾难恢复等数据量大的传输领域。

面对迅速增长的数据存储需求，大型企事业单位和服务供应商渐渐开始选择 SAN 作为网络基础设施，SAN 具有如下优点：

1. 可提供大容量储存设备数据共享。

2. 实现调整计算机与高速储存设备的高速互联。

3. 提高了数据的可靠性、安全性和开放性。

4. 具有出色的扩展性，利用光纤通道技术，可以有效地传输数据块。

（四）OBS 存储技术

OBS 是基于对象的存储，是包含着长度可变的数据块和可扩展存储属性的基本容器，是一种逻辑组织形式，提供与文件类似的操作访问方式，例如，打开、读 / 写、关闭等。OBS 结合了 NAS 与 SAN 的相关优点，采用了对象接口，提升了网络相关存储技术的性能，具有很高的扩展性。OBS 最显著的特点是将数据存储的相关物理视图下放到存储设备上，这个设计理念是相关领域关注的热点技术，它的高性能及强扩展性使其在网络存储技术领域具有相当不错的地位。

（五）IPFS 存储技术

在 IDC Data Age 2025 报告中阐述，2019—2025 年将是数据爆发性增长的阶段，到 2025 年全球数据总量将达到 175ZB，数据分析增加、物联网普及、迁移活动等行业是数据增长的主要推动力。

不过，在这样一个数据总量预测中，有一个新兴领域的数据增量已经呈现出相当大的规模，有巨大的增量潜力。继比特币、以太坊之后，文件币也已成为区块链 3.0 时代具有全球共识的主流代币。随着 Filecoin 主网的正式上线，Filecoin 的热度一路攀升，以数据存储为核心价值、计算能力为表现力的商业新范式正在快速形成。

2021 年 3 月的消息显示，Filecoin 的全球矿工为 Filecoin 网络贡献了超过 3EB 的分布式存储容量。1EB=1024PB，1PB=1024TB，1TB=1024GB，1GB=1024MB。假若做个比喻，1GB 大概相当于一部 1080 高清电影的大小，那么 1EB 就相当于 10 亿多部高清电影的存储容量，大家可想而知。

IPFS 的发展引发了业内的广泛兴趣和讨论。

与此同时，文件币背后的 IPFS 协议也受到越来越多的关注。面对区块链发展的广阔前景，IPFS 分布式存储搭建了透明、高效且成本低的存储方案，将成为未来区块链项目的主流数据存储基础。

以 IPFS 为代表的 Web 3.0 实现了中心化的分布式存储，释放了互联网的生产力。

当前，IPFS（分布式储存协议）热度在全球范围内持续高涨。作为点对点的分布式版本文件系统，IPFS 正在补充乃至取代目前统治互联网的超文本传输协议（HTTP），以更加合理地配置资源，大幅降低互联网的使用成本。

第三节　数据容错

一、容错技术的基本概念

对于数据容错，首先需要明确容错技术的几个基本概念。

1. 失效。失效是指硬件物理特性异变，或软件不能完成规定功能的状态。

2. 故障。故障是指硬件或软件的错误状态，与失效在逻辑上等效。一个故障可以用种类、值、影响范围和发生时间来描述。

按逻辑性可分为：逻辑故障，造成逻辑值发生变化的故障；非逻辑故障，造成像时钟（clock）或电源出错等的故障。按时间可划分为：永久性故障，调用诊断程序进行故障定位，然后采取纠错措施；间隔性故障，可以通过更换硬件或软件等途径来达到修复的目的；偶然性故障，只能靠改善环境条件等努力来减少这类故障。

3. 错误。错误是指程序或数据结构中的故障表现形式，是故障和失效所造成的后果。

4. 容错。容错即容忍故障，考虑故障一旦发生时能够自动检测出来并使系统能够自动恢复正常运行。当出现某些指定的硬件故障或软件错误时，系统仍能执行规定的一组程序，或者说程序不会因系统中的故障而中止或被修改，并且执行结果也不包含系统中故障所引起的差错。

二、容错系统

所谓容错系统，就是系统在运行过程中，若某个子系统或部件发生故障，系统将能够自动诊断出故障所在的位置和故障的性质，并且自动启动冗余或备份的子系统或部件，保证系统能够继续正常运行，自动保存或恢复文件和数据。容错系统的一般阶段为：

1.故障限制。当故障出现时，希望限制其影响范围。故障限制是把故障效应的传播限制在一个区域内，从而防止污染其他区域。

2.故障检测。大多数失效最终导致产生逻辑故障。有许多方法可用来检测逻辑故障，如奇偶校验、一致性校验都可用来检测故障。故障检测技术有两个主要的类别，即脱机检测和联机检测。在脱机检测的情况下，进行测试时设备计算机信息安全与网络技术应用不能进行有用的工作；联机检测提供了实时检测能力，因为联机检测与有用的工作同时执行。联机检测技术包括奇偶校验和二模冗余校验。

3.故障屏蔽。故障屏蔽技术把失效效应掩盖起来，从某种意义上说，是冗余信息战胜了错误信息，多数表决冗余设计就是故障屏蔽的一个例子。

4.重试。在许多场合，对一个操作的第二次试验可能是成功的，对不引起物理破坏的瞬间故障尤其是这样。

5.诊断。如果故障检测技术没有提供有关故障位置和（或）性质的信息，那么就需要一个诊断。

三、容错技术

容错技术主要有故障检测与诊断技术、故障屏蔽技术、动态冗余技术、软件容错技术、信息保护技术。

1.故障检测和诊断技术既是容错技术的主要组成部分，又是微电子技术的支撑技术，包括：

（1）故障检测，判断系统是否存在故障的过程。

（2）故障定位，判断系统在哪里发生故障的过程。

（3）故障测试，又称故障诊断，主要包括测试集生成技术、功能测试技术、系统诊断技术。

故障检测的作用是确认系统是否发生了故障，指示故障的状态，即查找故障源和故障性质。一般来说，故障检测只能找到错误点（错误单元），不能准确找到故障点。故障诊断的作用是给出故障定位。常用的技术为基于检错纠错码的编码技术，是指在数据的传输、存储、处理过程中，根据信息位和校验位之间的相关性进行检查，判定信息是否出错、错在哪里，并进行纠正。常用的检错码编码技术有奇偶校验码、循环码、海明码等。

2. 故障屏蔽技术是防止系统中的故障在该系统的信息结构中产生差错的各种措施的总称。其实质是在故障效应达到模块的输出以前，利用冗余资源将故障影响掩盖起来，达到容错目的，分为元件级故障屏蔽技术、逻辑级故障屏蔽技术、模块级故障屏蔽技术和系统级故障屏蔽技术。其特点是不改变系统的结构，即系统部件之间的逻辑关系相互固定。

3. 冗余技术又称为静态冗余技术，分为：

（1）硬件冗余，在常规设计的硬件之外附加备份硬件，包括静态冗余、动态冗余；

（2）时间冗余，重复地执行指令或一段程序而附加额外的时间；

（3）信息冗余，增加信息的多余度，使其具有检错和纠错能力；

（4）软件冗余，用于测试、检错的外加程序。

4. 软件容错是指在出现有限数目的软件故障的情况下，系统仍可提供连续正确执行的内在能力。其目的是屏蔽软件故障，恢复因出故障而影响的运行进程。软件容错技术主要包括 N 版本程序设计和恢复块技术。

5. 信息保护技术是指为了防止信息被不正当地存取或破坏而采取的措施。基本的信息保护技术分为以下四种：编码化与密码化、资格检查、内存保护、外存保护。

四、容错技术的应用

容错技术有广泛的应用，下面重点对备份和冗余磁盘阵列技术（RAID）详细介绍。

（一）磁带备份技术

用于数据备份的存储介质有很多，一般使用软盘、磁带、光盘和硬盘。由于在这些存储介质中磁带的容量大、安全性高，而且成本最低、体积最小，因此，在备份方面磁带是用得最多的存储介质。因而磁带备份始终是数据备份的首选。磁带备份系统由硬件设备和控制软件两部分组成，硬件设备主要是磁带存储设备。

磁带存储技术主要有 DAT、8mm、DLT、LTO、AIT 及 VXA 等。各类磁带在数据传输率和容量上各不相同，一般根据需要的不同来选择磁带存储设备。通常情况下，数据不可能储存在一盘磁带内，更换磁带通常需要人工操作，为提高效率出现了磁带自动装载器和磁带库。磁带装载器一般由一个磁带驱动器和多盘磁带（一般少于12盘）组成，虽然解决了人工更换磁带的问题，但由于一次只能访问存储一盘磁带，访问效率并不高。为此，出现了磁带库，磁带库由多个磁带驱动器和多盘磁带（超过100盘）组成，每个磁带驱动器都可以访问一个磁带，提高了数据的存储速率。而且，磁带库具有良好的冗余性，当某个磁带驱动器出现故障时，其余的磁带驱动器可以照常工作。

为了获取更强的冗余能力，将磁带存储技术与 RAID 技术结合起来，构成一个磁带 RAID 系统。在 RAID 系统中，数据可以同时写入两个或多个磁带中，不仅可以将不同的数据同时写到多个磁带中，提高了数据的存储速率；还可以将数据的镜像与数据同时写进不同磁带中，提高了冗余能力。此外，还可以采用一定的技术将数据写入不同的磁带中，当一盘磁带发生故障时，可以使用其他磁带来进行修复。

控制软件分为两种：一种是操作系统内置软件；另一种是第三方专业软件。内置软件往往操作简单，而第三方专业软件一般拥有强大的功能，拥有较高的数据备份效率。控制软件的主要作用是根据需要自动或人工备份数据，此外，控制软件还要支持磁带的各种先进功能，提高磁带备份的工作效率。在建立磁带备份系统后，还必须制定备份策略。所谓磁带备份策略，是指在系统中轮换备份磁带的方法。一般是结合实际资源和需求情况，自行制定轮换策略。

（二）冗余磁盘阵列技术

廉价冗余磁盘阵列（RAID）是由美国加州大学伯克利分校于 1987 年首先提出的，是将多块磁盘通过相关的技术连接起来，构成逻辑上的空间。RAID 拥有多个磁盘驱动器，而且这些磁盘驱动器可以同时传输数据，但在逻辑上，只有一个磁盘驱动器。磁盘阵列根据 RAID 控制器采用的工作模式和算法不同有不同的级别，分别可以提供不同的速度、安全性和性价比。RAID 具有以下优点。

第一，提高传输速率。RAID 通过在多个磁盘上同时存储和读取数据来大幅提高存储系统的数据吞吐量。在 RAID 中，可以让很多磁盘驱动器同时传输数据，而这些磁盘驱动器在逻辑上又是一个磁盘驱动器，所以使用 RAID 可以达到单个磁盘驱动器几倍、几十倍甚至上百倍的速率。

第二，通过数据校验提供容错功能。普通磁盘驱动器无法提供容错功能，如果不包括写在磁盘上的 CRC（循环冗余校验）码的话。RAID 容错是建立在每个磁盘驱动器的硬件容错功能之上的，所以它提供更高的安全性。在很多 RAID 模式中都有较为完备的相互校验 / 恢复的措施，甚至可以直接相互进行镜像备份，从而大大提高了 RAID 系统的容错度，提高了系统的稳定冗余性。

1. RAID 的关键技术

RAID 是由多个独立的磁盘与磁盘驱动器组成的磁盘存储系统，具有比单个磁盘更大的存储容量、更快的存储速度，并能为数据提供冗余技术。RAID 是一种多磁盘管理技术，能向主服务器提供数据安全性高、成本适中的高性能的存储设备。当其中一块磁盘出现故障时，可以利用该磁盘在其他磁盘上的冗余信息进行恢复。RAID 技术提供了具有大容量、高存储性能、高数据可靠性、易管理性等显著优势的存储设备，可以满足大部分应用所需的数据存储要求。

RAID 技术最主要的两个目标是提高数据可靠性和设备的存储性能。在 RAID 系统中，数据分散保存在多个磁盘中，但对整个应用系统来说，从逻辑上是一块磁盘。通过把数据备份到多块磁盘中，或将数据的校验信息写入磁盘中来实现数据的冗余，当一块磁盘出现故障时，RAID 系统会自动根据其他磁盘上保存的校验信息来恢复数据，并将其写入新的磁盘，确保了数据的完整性和一致性，提高了数据的容错能力。

因数据分散保存在 RAID 中的多个不同磁盘上，并发读写数据要大大优于单个磁盘。

为了实现这两个目标，RAID 有三个关键技术，即镜像技术、数据条带化和数据校验。

（1）镜像技术是指将数据复制并保存在多个磁盘上

镜像技术不仅提高了数据的可靠性，而且可以从多个磁盘上并发地读取数据的多个副本，以此来提高整个设备的读数据的性能。但由于写数据时需要将多个同样的副本写入，所以写性能较低，写数据所需的时间也更多。

（2）数据条带化是把连续的数据分解成大小相同的数据块，把数据块分别写到磁盘阵列中不同的磁盘上

由于数据分块储存在不同的磁盘上，所以数据可以并发读写，提高了设备的存储性能。相比之下，单个磁盘的读写就慢得多，所以条带化在现代的存储设备和存储技术中得到了广泛的应用。条带化技术就是一种自动地将 I/O 的负载均衡到多个物理磁盘上的技术，条带化技术就是将一块连续的数据分成很多小部分并把它们分别存储到不同磁盘上。这就能使多个进程同时访问数据的多个不同部分而不会造成磁盘冲突，而且在需要对这种数据进行顺序访问的时候可以获得最大限度上的 I/O 并行能力，从而获得非常好的性能。很多操作系统、磁盘设备供应商、各种第三方软件都能做到条带化。

当对数据做条带化时，数据被分割成一块块小数据块，各小数据块分别存储在不同的磁盘上。影响条带化效果的因素有两个：一个是条带大小，是指写在每块磁盘上的条带数据块的大小，即将数据分割成小数据块的大小；另一个是条带宽度，是指同时可以并发读或写的条带数量，这个数量等于 RAID 中的物理硬盘数量，即数据存储到多少块磁盘上。例如，一个经过条带化的、具有 3 块磁盘阵列的条带宽度就是增加条带宽度，可以增加阵列的读写性能。增加更多的硬盘，也就增加了可以同时并发读或写的条带数量。在其他条件一样的前提下，一个由 8 块 500GB 硬盘组成的阵列相比一个由 41TB 硬盘组成的阵列具有更高的传输性能。RAID 的数据块大小一般在 2~512KB 之间（或者更大），不管多大，其数值都是 2 的次方，即 2KB、4KB、8KB、16KB 等。

（3）数据校验是指利用冗余数据进行数据错误检测和恢复

冗余数据通常采用异或操作、海明码等算法来计算获得。利用校验功能，可以极大提高磁盘阵列的可靠性和容错能力。不过，数据校验需要从多处读取数据并进行计算和对比，这样就会影响系统性能。

2.RAID 的级别

RAID 技术根据不同的应用需求而使用不同的技术，这些类别被称为 RAID 级别，每一种技术对应一种级别。目前，RAID 的标准是 RAID-0、RAID-1、RAID-2、RAID-3、RAID-4、RAID-5，选择何种 RAID 级别的产品需要根据应用需求和服务器的操作系统而定，与 RAID 级别没有必然的关系。

除了上述的 RAID-0 到 RAID-5 这六个标准级别之外，还可以相互结合成新的 RAID 形式，如 RAID-0 与 RAID-1 结合成为 RAID-10 等。除了 RAID-0 到 RAID-5 这 6 个级别以及它们之间的组合以外，目前很多服务器和存储厂商还发布了很多非标准 RAID。例如，IBM 公司推出的 RAID-1E、RAID-5E、RAID-SEE，康柏公司推出的双循环 RAID-5，因康柏公司已被惠普公司收购，所以这种 RAID 级别也被称为惠普双循环。

近几年又出现了一种新的 RAID 级别，即 RAID-6。因为 RAID-6 并不是标准 RAID，所以不同的厂商有着不同的标准，其中包括 Intel 公司的 P+Q 双校验 RAID-6、惠普公司的 RAID-ADG、NetApp 公司的双异或 RAID-6（也称为 RAID-DP），另外还有 X-Code 编码 RAID-6、ZZS 编码 RAID-6、Park 编码 RAID-6 和 EVENODD 编码 RAID-6 等。

（1）RAID-0

RAID-0 采用数据条带化技术，将数据分块并将数据块写进多个磁盘。RAID-0 没有采用校验技术，是无冗余的磁盘阵列。RAID-0 实现简单，只是将两块及以上的磁盘合并成一块，数据分散存储在各个磁盘上。由于可以并发的读取，所以读写速度比单块磁盘要快。

RAID-0 是 RAID 中最简单的一种形式，仅仅是将多块物理磁盘组合起来形成一块大容量的存储设备，该逻辑盘的容量是把所有物理磁盘的容量综合在一起。RAID-0 只是提高了存储设备的读写性能，并没有采用任何冗余措施。当其中任何一块磁盘损坏将导致所有数据失效，不能保证数据的可靠性，但成本较低。因此，RAID-0 只能应用于对数据安全性要求比较低的地方。

（2）RAID-1

RAID-1 与 RAID-0 相比较，只是采用数据镜像技术，即使用一块磁盘对另外一块磁盘进行数据备份，该技术实现了数据的冗余存储。当其中一块磁盘出现故障时，数据可以从另外一块磁盘中读取，因此 RAID-1 比 RAID-0 能提供更好的冗余性。

RAID-1 需要两块物理磁盘进行组建，采用磁盘镜像技术，就是将一个磁盘作为主磁盘，另一个磁盘作为备份磁盘，两个磁盘所存储的数据完全一样。数据在写入主磁盘时，亦会写进备份磁盘。所以虽然用两块磁盘，但逻辑盘的容量为一块磁盘的容量。

RAID-1 由于采用备份盘，所以数据单位存储成本是所有 RAID 级别中最高的，且同样的数据要写两次，存储设备的数据读写速度会略微有些降低，但提供了很高的数据安全性和可用性。由于 RAID-1 使用磁盘镜像，因此当一块磁盘失效时，系统可以自动切换到镜像磁盘上读写，而不需要重组恢复失效的数据，提高了系统恢复效率。

（3）RAID-1E

RAID-1E 是 IBM 公司推出的一种 RAID 形式，它是在 RAID-1 基础上进行了一定的改进，但 RAID-1E 并不是 RAID-0 与 RAID-1 的结合。RAID-1E 的工作原理与 RAID-1 是一样的，但是 RAID-1E 的数据容错能力更强。RAID-1E 至少需要 3 块物理磁盘。

RAID-1E 能够在任何一块磁盘失效的情况下都不会影响数据的完整性。如果 RAID-1E 由 4 块或者 4 块以上磁盘构成，那么在 2 块磁盘失效的情况下，只要能满足以下两个条件，就能够保持数据的完整性。这两个条件是：

①失效的 2 块磁盘不能彼此相邻。

②第一块磁盘和最后一块磁盘不能同时失效。

（4）RAID-2

RAID-2 采用了数据条带化技术和海明码编码校验技术。数据条带化时，采用以位或字节为单位，并将条带化数据存储在多个磁盘中。RAID 采用了海明码作为纠错码来提供错误检查和数据恢复，海明码在磁盘阵列中被间隔写入磁盘，而且写入的地址都一样，也就是在各个磁盘中，其数据都在相同的磁道及扇区中。由于海明码需要多个磁盘存放错误检查及数据恢复的信息，所以 RAID-2 技术的实施非常复杂，因此很少在商业应用中使用。

RAID-2 的设计中采用了共轴同步的技术，存取数据时整个磁盘阵列里的各个磁盘同时存取，即在各个磁盘的相同地址处同时存取，所以存取时间是最快的。而且 RAID-2 的总线是经过专门设计的，可以高速地并行传输所存取的数据。由于磁盘的存取是以扇区为单位的，而且所有磁盘是同时作为的存取，小于一个扇区的数据量会使其性能大大降低，所以 RAID-2 主要应用在大型文件的存取中，如 CAM/CAD 或影像处理的工作站等。

（5）RAID-3

RAID-3 是在 RAID-2 基础上发展而来的，主要的变化是用相对简单的异或逻辑运算校验代替了相对复杂的海明码校验，从而大幅降低了成本。RAID-3 中的校验盘只有一个，而数据也采用条带化技术，这个条带的单位为字节。在数据存入时，数据阵列中处于同一等级的条带的 XOR 校验编码被即时写在校验盘相应的位置上，所以彼此不会干扰混乱。读取时，则在调出条带的同时检查校验盘中相应的 XOR 编码。

RAID-3 具有容错能力，但是系统会受到相当大的影响。当一块磁盘失效时，磁盘上的所有数据都会经由校验信息与其他盘的数据进行异或来恢复，增加了操作的复杂性。此外当向 RAID 系统大量写入数据时，由于必须时刻修改校验盘的信息，导致校验盘负载过大，影响整个系统的运行效率。因此 RAID-3 更加适合于那些数据写操作较少、读取操作较多的应用中，RAID-3 在 RAID-2 基础上成功地进行结构与运算的简化，曾受到广泛欢迎，并获得大量应用。直到更为先进、高效的 RAID-5 出现后，RAID-3 才开始慢慢退出市场。

（6）RAID-4

RAID-4 和 RAID-3 很相似，数据都是依次存储在多个硬盘中，奇偶校验码存放在独立的奇偶校验盘上，唯一不同之处在于 RAID-4 是以数据块为单位存储的，不像 RAID-3 中以字节为单位。

RAID-4 也使用一个校验磁盘，在不同硬盘上的同级数据块也都通过异或运算进行校验，结果保存在单独的校验盘中。所谓同级就是指在每个硬盘中同一柱面、同一扇区的位置。在写入时，RAID 就是按这个方法把各硬盘上同级数据的校验统一写入校验盘，等读取时再即时进行校验。因此即使是当前硬盘上的数据块损坏，也可以通过校验值和其他硬盘上的同级数据进行恢复。由于 RAID-4 在写入时要等一个硬盘写完后才能写下一个，并且还要写入校验数据，所以写入效率比较差，读取时也是一个硬盘一个硬盘地读，但校验迅速，所以相对速度更快。

（7）RAID-5

RAID-5 是使用最广泛的一种 RAID 级别，其结构也比较复杂，采用硬件对磁盘阵列进行控制。RAID-5 与 RAID-4 一样，数据以数据块为单位存储在各个硬盘上，但与 RAID-4 不同的是，RAID-5 将磁盘阵列中同级的校验块分散到所有的磁盘中。

RAID-5 拥有不错的冗余性，当磁盘阵列中的一块磁盘失效时，如 RAID-4 一样能够依靠同级的其余数据块和校验块恢复数据，由于校验算法采用的是异或操作，运算简单，易于保持数据的完整性。虽然数据每次写入时既要计算校验块又要写入校验信息，数据写入效率比较低，但由于校验块分散存储在各个磁盘中，减少了单个磁盘的负载，达到了负载均衡的目的，打破了 RAID-4 的瓶颈。

（8）RAID-5E 和 RAID-5EE

RAID-5E 和 RAID-5EE 是由 IBM 公司提出的两种 RAID 级别，但由于没有成为国际标准，因此使用并不广泛。

RAID-5E 在 RAID-5 的基础上改进而来，它与 RAID-5 唯一不同之处在于 RAID-5E 的磁盘阵列中的每一块磁盘都预留了一定的空间，称为热备空间。最少需要 4 个磁盘才能构建 RAID-5E，RAID-5E 允许两个磁盘出错，但不能是同一时间出错。当一个磁盘出现故障时，这个磁盘上的数据经过校验恢复后被写入其他磁盘预留的热备空间内，不用额外准备磁盘进行恢复。

RAID-5EE 的原理与 RAID-5E 基本相同，也是在每个磁盘中预留一部分空间作为热备空间，当一个磁盘失效时，这个磁盘上的数据经过同级数据块和校验块的恢复之后存放在热备空间中。

RAID-5EE 与 RAID-5E 的不同之处在于，RAID-5EE 将热备空间也进行了条带化处理。此外，与 RAID-5E 还有一点不同的是，RAID-5EE 内增加了一些优化技术，使 RAID-5EE 的工作效率更高，同步数据的速度也更快。

RAID-5EE 也允许两个磁盘不在同一时间出错，构建 RAID-5EE 最少需要 4 个磁盘才能实现。

（9）RAID-6

RAID-6，即带有两个独立分布式校验方案的独立数据磁盘。RAID-6 是在 RAID-5 基础上，为了进一步加强数据保护而设计的一种 RAID 级别。RAID-6 采用双重校验方式，与 RAID-5 只能防止一块磁盘故障而引起的数据丢失不同的是，

RAID-6 能够防止两块磁盘因故障导致的数据丢失，因此 RAID-6 的数据冗余性能非常好。但是，由于 RAID-6 采用双校验，增加了一个校验，所以磁盘的空间利用率比较低，且写数据的效率比 RAID-5 低很多。此外，为了实现双校验，RAID 的控制器变得更加复杂，成本会更高。

3.RAID 的实现

有两种方式可以实现磁盘阵列，那就是"软件阵列"与"硬件阵列"。

软件阵列是指通过网络操作系统自身提供的磁盘管理功能将连接在普通 SCSI 卡上的多块硬盘配置成逻辑盘、组成阵列。软件阵列可以提供数据冗余功能，但是磁盘子系统的性能会有所降低，有的降低幅度还比较大，达 30% 左右。硬件阵列是使用专门的磁盘阵列卡来实现的。硬件阵列能够提供在线扩容、动态修改阵列级别、自动数据恢复。驱动器漫游、超高速缓冲等功能。它能提供性能、数据保护、可靠性、可用性和可管理性的解决方案。阵列卡通过专用的处理单元来进行操作，它的性能要远远高于常规非阵列硬盘，并且更安全、更稳定。

软阵列即通过软件程序并由计算机的 CPU 提供运行能力所成。由于软件程序不是一个完整系统，故只能提供最基本的 RAID 容错功能。其他如热备用硬盘的设置，远程管理等功能均一次。硬阵列是由独立操作的硬件提供整个磁盘阵列的控制和计算功能。不依靠系统的 CPU 资源。由于硬阵列是一个完整的系统，所有需要的功能均可以做进去。所以硬阵列所提供的功能和性能均比软阵列好。

第四节　容灾技术

容灾技术主要是为了应付突发性灾难，如火灾、洪水、地震或者恐怖事件等对整个组织机构的数据和业务生产所造成的重大影响。因此，如何保证在灾难发生时企业数据不丢失，保证系统服务尽快恢复运行成为人们关注的话题，容灾技术日益成为各个行业关注的焦点。

一、容灾系统

对于 IT 而言，容灾系统就是为计算机信息系统提供的一个能应付各种灾难的环境。当计算机系统遭受如火灾、水灾、地震、战争等不可抗拒的自然灾难，以及计算机犯罪、计算机病毒、掉电、网络 / 通信失败、硬件 / 软件错误和人为操作错误等灾难时，容灾系统将保证用户数据的安全性（数据容灾），甚至一个更加完善的容灾系统，还能提供不间断的应用服务（应用容灾）。

容灾系统一般在相隔较远的异地，建立两套或多套功能相同的 IT 系统，互相之间可以进行健康状态监视和功能切换。当一处系统因意外（如火灾、地震等）停止工作时，整个应用系统可以切换到另一处，使该系统功能可以继续正常工作。

（一）容灾系统的评价标准

现在业界都以数据丢失量和系统恢复时间作为标准，对容灾系统进行评价的公认评价标准是 RPO 和 RTO。

RPO：在灾难发生时，系统和数据必须恢复到哪个时间点的要求。RPO 标志系统能够容忍的最大数据丢失量。系统容忍丢失的最大数据量越小，RPO 的值越小。

RTO：在灾难发生后，信息系统或业务功能从停止到恢复的时间要求。RTO 标志系统能够容忍的服务停止的最长时间。系统服务的紧迫性要求越高，RTO 的值越小。

RPO 针对的是数据丢失，RTO 针对的是服务丢失，二者没有必然的联系，并且二者必须在进行风险分析和业务影响分析之后根据业务的需求来确定。

（二）容灾分类

计算机网络系统的容灾技术所涉及的内容比较广泛，与之有关的实施技术、应用和部署方案也很多。一般的容灾系统可以从距离和从目标的保护层次两个角度对其进行分类。

1. 从距离的角度上分类

从距离的角度上，可以把容灾系统分为本地容灾与异地容灾。这两种容灾的类型与应用系统和备份系统之间的距离有关，所能容灾的能力也是不相同的。本地容灾是将业务的应用和数据在本地备份一个相同的系统，当原系统出现故障时，可以切换到备份的冗余系统，并可以实现系统的高速切换和业务的快速恢复。但由于本地容灾没有异地的备份，当灾难发生的范围比较广时，本地容灾不能保证业务系统的安全性。例如，强烈的地震或洪灾可以损坏本地业务系统和备份的冗余系统。本地容灾在提供的保护功能上，可对系统的业务数据进行保护，如数据备份技术、磁盘阵列技术和快照数据技术等；也可以对应用系统的服务进行保护，如服务器集群技术和双机热备技术等。

异地容灾是将业务系统的应用或业务数据在异地进行备份，当灾难发生后，在主系统处于灾难恢复时，备份系统可以接替原系统继续运行，同时对主系统的服务与数据进行恢复；根据容灾的投资情况，也可以对原业务系统的服务进行恢复，并将备份的数据从异地恢复到本地，然后再开始业务系统的运行。因此在恢复阶段，关键业务服务的暂时停顿是不可避免的。

异地容灾系统一般由应用系统、可接替运行的异地备用系统、数据复制系统和通信线路等部分组成。为了保障系统在大灾难下的可用性，备份系统与原应用系统在距离上要足够远，网络的带宽也必须能够保证两地间数据的顺畅同步。

异地容灾可以对系统的服务、网络和数据进行保护。针对系统服务的保护有系统失效检测和服务迁移等技术；针对数据的保护有服务器逻辑卷备份、远程磁带备份、文件系统和数据库复制等容灾技术。

2. 从保护的目标层次上分类

从保护的目标层次上分，容灾系统分为数据容灾和应用容灾。所谓数据容灾，就是指建立一个异地的数据系统，该系统是本地关键应用数据的一个可用复制。在本地数据及整个应用系统出现灾难时，系统至少在异地保存有一份可用的关键业务数据。该数据可以是与本地生产数据的完全实时复制，也可以比本地数据略微落后，但一定是可用的。采用的主要技术是数据备份和数据复制技术。

所谓应用容灾，是在数据容灾的基础上，在异地建立一套完整的与本地生产系统相当的备份应用系统（可以是互为备份）。建立这样一个系统是相对比较复杂的，不仅需要一份可用的数据复制，还要有包括网络、主机、应用甚至 IP 等资源，以及各资源之间的良好协调。其主要的技术包括负载均衡、集群技术。数据容灾是应用容灾的基础，应用容灾是数据容灾的目标。

（三）容灾等级

一个容灾备份系统，需要考虑多方面的因素，比如，备份 / 恢复数据量大小、应用数据中心和备援数据中心之间的距离和数据传输方式、灾难发生时所要求的恢复速度、备援中心的管理及投入资金等。根据这些因素和不同的应用场合，通常可将容灾备份分为以下 4 个等级。

1. 本地容灾，即将系统数据或应用在本地备份，无异地后援。这一级别的容灾，仅能应付本地的硬件损坏或人为因素造成的灾难。

2. 异地数据冷备份，即将系统数据备份到存储介质（磁盘、磁带或光盘）上，然后送到异地进行保存。这种方案成本低、易于实现。但是在灾难发生时，数据的丢失量大，并且系统需要很长的恢复时间，无法保持业务的连续性。

3. 异地数据热备份，即在异地建立一个热备份中心，采取同步或者异步方式，通过网络将应用系统的数据备份到备份系统中。备份系统只备份数据，不承担应用系统的业务。当灾难发生时，数据丢失量小，甚至零丢失。但是，应用系统恢复速度慢，无法保证业务的连续性。

4. 异地应用级容灾，即在异地建立一个与生产系统相同的备用系统，备用系统与生产系统共同工作，承担系统的业务。灾难发生时，这种容灾系统的数据丢失量很小且系统恢复速度是最快的，能够保证业务的连续性。但是，需要配置复杂的系统管理软件和专用的硬件，成本相对来说也是最高的。

二、数据复制技术

数据复制技术是数据共享技术中的一种，它将共享数据复制到多个数据存储设备中，实现了数据的本地访问，提高了数据访问的效率，有效地减少了网络负荷。而且通过同步存储设备中的数据，保证了为所有的应用提供最新的、同样的数据。

数据复制是一种实现数据分布存储的方法，就是指通过网络或其他手段把应用系统中的数据分布到多个存储设备或其他多个系统中，以减轻服务器的工作负荷、提高数据的访问性能和应用系统的可伸缩性。此外，数据复制可以在多个存储设备或服务器上建立数据备份，不仅能够提高数据的安全性，提高应用程序的容灾能力，还能提高应用系统对数据的访问效率。其优点主要体现在以下几个方面：

第一，提高应用程序的容错、容灾能力。这是因为数据复制将应用程序的所有数据复制备份到不同的存储设备上，如果一个服务器上的应用程序不可用，则可以将程序切换到其他服务器上继续运行。

第二，提高数据的访问效率。数据复制能够实现共享数据的本地访问功能，通过将远程的共享数据复制到本地存储设备上，使应用程序就近访问数据。从而降低了网络负载，提高了应用程序的运行效率。而且在数据复制系统中，可以提供多个服务器的负载平衡。通过将数据复制到多个服务器或存储设备上，让多个服务器可以同时运行同样的应用程序，既减少了单个服务器的访问量，也减少了单个服务器的负载，提高了服务器之间的负载平衡。

第三，减少网络负载、数据复制可以实现数据的分布式存储。应用程序可访问各个区域服务器，而不是访问一个中央服务器，如此配置大大减少了网络负载。

第四，实现无连接计算。将数据复制技术与数据快照技术结合在一起，可以实现无连接计算。快照可使用户在和中央数据库服务器断开的情况下使用数据库的子集。稍后在建立连接时，用户可以根据需要对快照进行同步（刷新）操作。刷新快照时，用户使用所有更改内容来更新中央数据库，并接收在断开期间可能发生的任何更改。

目前，主要的数据复制技术有基于服务器逻辑卷的数据复制技术、基于智能存储的磁盘数据复制技术和基于数据库的数据复制技术、基于应用的数据复制技术。

（一）基于服务器逻辑卷的数据复制技术

为了便于数据的存储和管理，将物理存储设备划分为一个或者多个逻辑磁盘卷。基于逻辑磁盘卷的数据复制是指根据需要将一个或者多个卷进行同步或异步复制。基于逻辑磁盘卷的数据复制通常通过软件来实现，该软件包括逻辑磁盘卷的管理和同步或异步复制的控制管理两个功能。数据复制的控制管理是将主服务器系统的逻辑磁盘卷上每次操作的数据按照一定的要求复制到远程服务器相应的逻辑磁盘卷上，从而实现不通过服务器的逻辑磁盘卷之间远程数据同步。但这种技术需要良好的网络条件，要为其配置一定带宽的网络通道。

基于逻辑磁盘卷的数据复制技术有很多软件，其中，以 VVR 为代表，VVR 是集成于逻辑卷治理的远程数据复制软件，它包含远程同步复制和远程异步复制两种工作模式。VVR 通过基于 Volume 和 Log 的复制技术，可以确保在任何时刻当本地系统发生自然灾难时，在异地的数据仍是可用的。 VVR 在异步工作模式下采用了 Log 技术来跟踪未及时复制的数据块，这个 Log 是一个先到先服务的堆栈，本地服务器的任何一个 I/O 操作都会首先被放进这个 Log，并按照 I/O 请求到达的先后顺序复制到异地服务器中。

1.本地服务器上的应用产生逻辑卷的 I/O 请求时，VVR 将该请求发送到本地的存储设备上。

2. 本地存储设备在存储控制器的管理下进行 I/O 操作。

3. 在本地存储设备进行 I/O 操作的同时，将 I/O 请求写入 VVR 的 Log 中。

4. 本地数据存储设备的 I/O 操作完成，通知 VVR 软件"I/O 操作完成"，VVR 软件将此信息反馈到应用程序中，应用程序发送下一条请求。

5. 按照需要或规定，将 VVR 的 Log 发送到异地服务器，异地服务器按照其中的 I/O 请求，完成 I/O 操作。

基于逻辑：卷的数据复制技术是基于逻辑存储管理技术的，一般与服务器操作系统、数据存储系统并无多大的关联，对数据存储系统的数据管理功能要求不高，因此对整个服务器有着良好的可管理性。此外，该技术很方便地实现多服务器、多节点中一对一、一对多或多对一的远程数据复制。

基于逻辑卷的数据复制会要求各个服务器节点具有较好的处理性能；此外，在远程复制时，对网络的通信带宽也有一定的要求，在此前提下才能确保数据的一致性和远程复制效率。

（二）基于存储设备的磁盘数据复制技术

基于存储设备的数据复制是依靠智能存储系统来实现数据的远程复制和同步，与服务器的操作系统和应用程序无关。即智能存储系统将服务器对存储设备所执行的所有 I/O 操作存入日志 Log 中，然后将 Log 复制到远程的存储设备中，由远程的存储系统按照 Log 执行 I/O 操作，保证数据的一致性。在这种技术下，数据复制软件运行在存储设备自带的存储系统内，与应用服务器分离，较容易实现主服务器和备用服务器的系统库、操作系统、目录和数据库的实时拷贝维护能力，一般不会影响主服务器系统的性能。这种数据复制技术在应用中可分为同步复制和异步复制两种方式。

1. 同步数据复制

同步数据复制是指共享数据在任何时刻、在多个复制节点间均保持一致，即主存储设备在备份存储设备返回操作完成的确认信息后，才给应用系统返回操作完成的确认信息。这种方式能时时保持主、备存储设备的数据一致。这保证了在灾难发生时系统能在最短时间内恢复业务运行。但同步数据复制加大了主服务器的工作负载，对网络状况也有很高的要求，对应用系统有明显的影响，同时要求系统能够承受住由同步复制导致的时间延时所引起的性能损失。

同步数据复制的步骤如下：

（1）主服务器向主存储设备发出 I/O 操作请求。

（2）主存储设备将 I/O 操作请求写入存储设备控制器的缓存中，执行 I/O 操作，同时将 I/O 操作请求发送给远程备用存储设备中。

（3）备用存储设备接受 I/O 操作请求并完成 I/O 操作后，将 I/O 操作的标识信息及操作成功信息发送到主存储设备。

（4）主存储设备在接收到备用存储设备的信息后，确认 I/O 操作成功后，向主服务器返回操作执行成功信息。

2.异步数据复制

异步数据复制与同步数据复制最大的不同在于异步数据复制中数据不是实时同步。在异步数据复制中，主存储设备在 I/O 操作完成后直接返回成功信息，不会等待备用存储设备返回信息。异步数据复制中主存储设备按照规定或需求每隔一段时间将数据同步到备用存储设备上。

异步数据复制的步骤如下：

（1）主服务器向主存储设备发送 I/O 操作请求。

（2）主存储设备将执行数据 I/O 操作，并将该 I/O 操作请求写进 Log 中，操作完成后向服务器返回 I/O 操作完成的确认信息。

（3）每隔一段时间，主存储设备将 Log 发送给远程备用存储设备。

（4）备用存储设备按照 Log 中 I/O 操作请求，顺序执行 I/O 操作。操作完成后，将 I/O 操作成功的信息返回至主存储设备。

同步复制技术可以确保数据的一致性和应用的完整性，而且实现简单，但增加了应用系统的响应时间和网络负载。异步复制技术减少了应用系统的响应时间，但是实现比较复杂，且不能实时同步数据，当灾难发生时无法保证数据的完整性与一致性。

基于存储设备的数据复制技术由于数据存储设备与服务器独立开来，不会受服务器的影响，能够对数据提供较高的安全保护能力。但由于需要独立的数据存储设备和相应的智能存储管理系统，并且还需要良好的网络环境，所以该技术实现的成本很高。因此，基于存储设备的数据复制技术比较适合大型数据集中系统，如大型商业银行的全国集中或大的区域集中。

（三）基于数据库的数据复制技术

基于数据库的数据复制是指使用数据库系统自带的软件来实现数据库的远程复制和同步。该技术的复制方式可分为同步复制和异步复制两种。基于数据库的数据复制实质是实现主、备服务器的数据库的数据同步，即是将主服务器数据库操作 Log 实时或者周期性地复制到备用服务器的数据库中执行。在数据复制过程中，由于数据库系统自带的软件能够自动检测和解决冲突，确保了数据的一致性。

1.同步复制就是主服务器对数据库执行的任何一个操作，都会发送到备用服务器的数据库上，备用服务器完成操作后向主服务器的数据库发送确认消息；当主服务器的数据库接收到确认消息后，向应用程序返回确认消息；然后再执行下一个操作。此种复制方式对网络可靠性要求高。

2.异步复制是指当主服务器对数据库执行操作时，数据库将这些操作按照先后的顺序储存在 Log 中。操作完成后会返回确认信息，不会等待备用服务器，然后 Log 每隔一段时间或是按照一定的需要将其发送到备用服务器的数据库上。数据库按照顺序执行操作，操作完成后，发送确认信息给主服务器上的数据库，通知数据同步完成。

基于数据库的数据复制技术对主服务器的性能有一定影响，可能增加对磁盘存储容量的需求，包括对 Log 的存储，但系统恢复较简单。在同步复制方式时数据一致性较好，所以对一些数据修改更新较频繁、对数据一致性要求较高的应用可采用基于数据库的远程数据复制技术。

（四）基于应用的数据复制技术

基于应用的数据复制技术是在应用软件层来实现数据的远程复制和同步的。这种技术是通过在应用软件内部，连接两个异地数据库，每次的应用程序处理数据分别存入主、备服务器的数据库中。这种方式需要对现有应用软件系统进行比较大的升级修改，增加了应用系统软件的复杂性。在应用软件中实现数据的复制和同步要占用大量的处理资源和网络资源，会对整个应用系统的性能造成较大的影响，对应用软件开发的技术水平要求较高，系统实施难度大，而且后期维护比较复杂。

三、数据快照技术

随着电子商务的发展，数据在企业中的作用越来越重要，越来越多的企业开始关注存储产品以及备份方案。虽然计算机技术取得了巨大发展，但是数据备份技术却没有长足进步。数据备份操作代价和成本仍然比较高，并且消耗大量时间和系统资源，数据备份的恢复时间目标和恢复点目标比较长。传统的，人们一直采用数据复制、备份、恢复等技术来保护重要的数据信息，定期对数据进行备份或复制。由于数据备份过程会影响应用性能，并且非常耗时，因此数据备份通常被安排在系统负载较轻时进行（如夜间）。另外，为了节省存储空间，通常结合全量和增量备份技术。

显然，这种数据备份方式存在一个显著的不足，即备份窗口问题。在数据备份期间，企业业务需要暂时停止对外提供服务。随着企业数据量和数据增长速度的加快，这个窗口可能会要求越来越长，这对关键性业务系统来说是无法接受的。诸如，银行、电信等机构，信息系统要求每天 24 小时不间断地运行，短时的停机或者少量数据的丢失都会导致巨大的损失。因此，就需要将数据备份窗口尽可能地缩小，甚至缩小为零，数据快照等技术，就是为了满足这样的需求而出现的数据保护技术。

（一）快照的概念

快照是某个数据集在某一特定时刻的镜像，快照也称为即时复制，它是这个数据集的一个完整可用的副本。

存储网络行业协会 SNIA 对快照的定义是：关于指定数据集合的一个完全可用复制，该复制包括相应数据在某个时间点（复制开始的时间点）的映像。快照可以是所表示的数据的一个副本，也可以是数据的一个复制品。

快照具有很广泛的应用，例如，作为备份的源、作为数据挖掘的源、作为保存应用程序状态的检查点，甚至就是作为单纯的数据复制的一种手段等。创建快照的方法也有很多种，按照 SNIA 的定义，快照技术主要分为镜像分离、改变块、并发三大类。后两种在实现时通常使用指针重映射（pointer remapping）和写时复制（copy on write）技术。改变方式的灵活性及使用存储空间的高效性，使得它成为快照技术的主流。

1.镜像分离。在即时复制之前构建数据镜像，当出现一个完整的可供复制的镜像时，就可以通过瞬间"分离"镜像来产生即时复制。这种技术的优点是速度快，创建快照无须额外工作。但缺点也很鲜明：首先，它不灵活，不能在任意时刻进行快照；其次，它需要一个与数据卷容量相同的镜像卷；最后，连续的镜像数据变化影响存储系统的整体性能。

2. 改变块。快照创建成功后，源和目标共享同一份物理数据复制，直到数据发生写操作，此时源或目标将被写入新的存储空间。共享的数据单元可以是块、扇区、扇道或其他的粒度级别。为了记录和追踪块的变化和复制信息，需要一个位图，它用于确定实际复制数据的位置，以及确定从源还是从目标来获取数据。

3. 并发。它与改变块非常相似，但它总是物理的复制数据。当即时复制执行时，没有数据被复制。取而代之，它创建一个位图来记录数据的复制情况，并在后台进行真正的数据物理复制。

（二）快照的实现方式

快照技术能够实现数据的即时影像，快照影像可以支持在线备份。全量快照是实现所有数据的一个完整的只读副本，为了降低快照所占用的存储空间，人们提出了写时复制和写重定向快照技术。另外，还出现了其他一些快照技术的实现方式，如日志、持续数据保护等，可以提升快照的相关性能。

1. 镜像分离

镜像分离快照技术在快照时间点到来之前，首先要为源数据卷创建并维护一个完整的物理镜像卷；同一数据的两个副本分别保存在由源数据卷和镜像卷组成的镜像对上。在快照时间点到来时，镜像操作被停止，镜像卷转化为快照卷，获得一份数据快照。快照卷在完成数据备份等应用后，将与源数据卷重新同步，重新成为镜像卷。对于要同时保留多个连续时间点快照的源数据卷，必须预先为其创建多个镜像卷。当一个镜像卷被转化为快照卷作为数据备份后，初始创建的第二个镜像卷立即与源数据卷同步，与源数据卷成为新的镜像对。镜像分裂快照操作的时间非常短，仅仅是断开镜像卷对所需的时间，通常只有几毫秒，这样小的备份窗口几乎不会对上层应用造成影响，但是这种快照技术缺乏灵活性，无法在任意时间点为任意的数据卷建立快照。另外，它需要一个或者多个与源数据卷容量相同的镜像卷，同步镜像时还会降低存储系统的整体性能。

2. 写时复制

写时复制快照使用预先分配的快照空间进行快照创建，在快照时间点之后，没有物理数据复制发生，仅仅复制了原始数据物理位置的原数据。因此，快照创建非常快，可以瞬间完成。然后，快照副本跟踪原始卷的数据变化（原始卷写操作），一旦原始卷数据块发生首次更新，则先将原始卷数据块读出并写入快照卷，然后用新数据块覆盖原始卷。

这种快照技术在创建快照时才建立快照卷，但只需要分配相对少量的存储空间，用于保存快照时间点之后源数据卷中被更新的数据。每个源数据卷都具有一个数据指针表，每条记录都保存着指向对应数据块的指针。在创建快照时，存储子系统为源数据卷的指针表建立一个副本，作为快照卷的数据指针表。当快照时间点结束时，快照建立了一个可供上层应用访问的逻辑副本，快照卷与源数据卷通过各自的指针表共享同一份物理数据。快照创建之后，当源数据卷中某数据将要被更新时，为了保证快照操作的完整性，使用写时复制技术。对快照卷中数据的访问，通过查询数据指针表，根据对应数据块的指针确定所访问数据的物理存储位置。

写时复制技术确保复制操作发生在更新操作之前，使快照时间点后的数据更新不会出现在快照卷上，保证了快照操作的完整性。写时复制快照在快照时间点之前，不会占用任何的存储资源，也不会影响系统性能；而且它在使用上非常灵活，可以在任意时间点为任意数据卷建立快照。在快照时间点产生的"备份窗口"的长度与源数据卷的容量成线性比例，一般为几秒钟，对应用的影响甚微，但为快照卷分配的存储空间却大大减少；复制操作只在源数据卷发生更新时才发生，因此系统开销非常小。但是由于快照卷仅仅保存了源数据卷被更新的数据，此快照技术无法得到完整的物理副本，当需要完整物理副本的应用时就无能为力了。如果更新的数据数量超过保留空间，快照就将失效。

3. 指针重映射

这种实现方式与写时复制非常相似，区别是对原始数据卷的首次写操作将被重定向到预留的快照空间。该快照维持的是指向所有源数据的指针和复制数据。当数据被重写，将会给更新过的数据选择一个新的位置，同时指向该数据的指针也被重新映射，指向更新后的数据。如果复制是只读的，那么指向该数据的指针就根本不会被修改。重定向写操作提升了快照 I/O 的性能，只需一次写操作，直接将新数据写入快照卷，同时更新位图映射指针。而写时复制需要一次读和两次写操作，即将原始卷数据块读入并写入快照卷，然后将更新数据写入原始卷。

由于快照卷保存的是原始副本，而原始卷保存的是快照副本，这导致删除快照前需要将快照卷中的数据同步至原始卷。而且当创建多个快照后，原始数据的访问、快照卷和原始卷数据的追踪以及快照的删除将变得异常复杂。此外，快照副本依赖于原始副本，原始副本数据集很快变得分散。

4. 日志文件架构

这种形式的快照技术利用日志文件来记录原始数据卷的写操作。所有针对原始数据卷的写操作都记录在日志系统中，相当于每次数据变化均会生成快照。因此，这与数据库系统事务或文件系统日志非常相似，可以根据需要，从日志恢复数据或者回滚事务到任意合理状态。严格意义上讲，这种方式不能称为快照，但的确能实现快照的目标，不少文件系统实现了这种功能，如 ZFS、JFS、EXT3、NTFS 等。

5. 克隆快照

前面提到的快照，基本上都不会生成完整的快照副本，无法满足完整物理数据副本的业务需求。克隆快照可生成与源数据卷一致的镜像快照，它充分利用了写时复制和镜像分离两种快照技术的优点。快照时间点时，它先使用写时复制方式快速产生快照副本，然后在后台启动一个复制进程来执行源数据卷至快照卷的块级数据复制任务。一旦复制完成，就可以通过镜像分离技术获得，因此系统开销非常小。但是由于快照卷仅仅保存了源数据卷被更新的数据，此快照技术无法得到完整的物理副本，当需要完整物理副本的应用时就无能为力了。如果更新的数据数量超过保留空间，快照就将失效。

6. 持续数据保护

以上几种快照技术均存在共同的不足之处，即不能在任意点创建任意多的快照。日志型快照虽然没有上述不足，但依赖于具体的文件系统，无法直接在使用不同的文件系统中应用，对非基于文件系统的数据应用无能为力。

持续数据保护，也称连续备份，它自动持续捕捉源数据卷数据块的变化，并连续完整地记录这些数据块版本。每一次数据块变化都会被记录、生成瞬间快照，这与其他快照技术在快照时间点上创建快照是不同的。因为写操作都被记录保存下来，因此能够动态地访问任意一个时间点的数据状态，提供了细粒度的数据恢复，可以实现瞬间和即时的恢复，有效拉近恢复点目标。数据块级的持续数据保护技术的优点是与应用的耦合比较松，性能和效率比较高，系统连续不间断运行，不存在快照窗口问题。它的缺点是对存储空间的要求比较高，这也是限制数据块级持续数据保护技术广泛应用的根本原因。

（三）快照的实现层次

计算机的存储结构是一个类似于 TCP/IP 一样的栈结构。栈中包括硬件与软件部分，分为应用层、文件系统层、卷管理层和物理层。栈中不同层为上层提供服务，同时利用下层的接口。因此在实现上，快照可以在不同的栈层上实现。但是，不同层次的效果及特点是不一样的。

一般来说，在应用层不太适宜实现快照功能。因为不同的应用是千差万别的，因此需要针对不同的应用实现快照功能，这个代价也太高了。但在应用层实现快照也并非一无用处，在应用层实现快照的一个典型的例子就是 vmWare 虚拟化软件中的快照功能。只是这种快照功能应用在存储系统中不现实。另外，在文件系统层实现快照与应用层有同样的缺点，就是需要针对不同的文件系统实现快照功能，这样的代价也很大。实现快照功能的文件系统基本上都是一些专用系统或者专为某个特定功能实现的文件系统。在这个层级上实现快照，缺乏灵活性和可扩展性。比较典型的例子就是 ZFS。

较为适宜实现快照功能的层应该为卷管理层以及物理层。在这两个层中都不与特定的应用及文件系统相关。比较典型的例子有 Linux 的 LVM，在硬件层次上实现快照通常有许多种，在这个层次上实现的快照一般为专用系统，优点是性能是各个方式中最好的。但是在这个层次上实现的快照也有一个不可避免的缺点，那就是由于不与特定的应用及文件系统关联，因此就无法理解上层的应用逻辑，也就无法保证每个快照都处于数据一致性状态。但是，这个缺点可以通过其他方式减少或者解决，比如，在生成快照之前先对数据进行刷新操作，或者在恢复快照时对文件系统进行一致性检查等。

第八章 云基础设施安全

云计算的基础是云基础设施，承载云服务的应用和平台均建立在云基础设施之上。确保云环境中用户数据和应用安全的基础是要保证云基础设施的安全和可信。由于云计算的服务模式和它引入的虚拟化技术不可避免地会给云基础设施带来一系列新的安全问题，本章将从全局角度分析云基础设施存在的安全问题，并结合云基础设施的安全需求来讨论保证云基础设施安全性的关键技术，且将对云基础设施安全进行分析。

第一节 云基础设施概述

云服务的应用和平台都是建立在云基础设施之上的，确保云环境中用户数据和应用安全的基础是要保证服务的底层支撑体系即云基础设施的安全。

一、云基础设施的架构

云计算基础设施是以高速以太网连接各种物理资源（如服务器、存储设备、网络设备等）和虚拟资源（如虚拟机、虚拟存储空间等）。其允许的增量增长远远超出典型的基础设施规模水平。这些组件应该根据它们的能力来选择，以支持可伸缩性、高效性和安全性。其中，虚拟基础设施资源是利用虚拟化技术构建的建立于物理基础设施资源的基础之上的，对内通过虚拟化技术对物理资源进行抽象，使内部流程自动化并对资源管理进行优化；对外则提供动态灵活的资源服务。

1. 云数据中心网络结构

对于数据中心而言，传统的数据中心架构和服务方式已经逐渐落后于时代需求，用户对安全、高效及节能等方面的要求也越来越迫切。在此背景下，迎合云计算技术的云数据中心应运而生。这种新型的数据中心已经不只是一个简单的服务器托管和维护的场所。它已经演变成一个集数据信息运算和存储为一体的高性能计算机的集结地。各IT厂商将之前以单台为单位的服务器通过各种方式变成以多台为群体的模式，在此基础上开发如云存储等一系列的功能，以提高单位数量内服务器的使用效率。

目前，新一代数据中心（又称为云数据中心）的概念仍没有一个标准定义。普遍认为新一代数据中心，是基于标准构建模块，通过模块化软件实现 7×24 小时无人值守运行与管理，并以供应链方式提供共享的基础设施、信息与应用等服务。

由于云计算硬件设施层的服务器可达数十万台，因此，其基础架构的网络结构通常采用三层设计方案。

在当前的云计算架构中，云数据中心是云计算硬件架构底层的独立计算单位。作为一个大型的数据中心，需要处理大量的数据，而这些计算机要承担的任务，绝大部分是简单的计算。与此同时，为了控制数据中心的成本，数据中心的计算机一般并不是高性能的服务器，而是大量的廉价计算机，随之而来的一个问题就是，当进行大量计算时，如何保证整个数据中心内部的数据交换效率。另外，面向云数据中心的侧重点已由物理架构转向了提供标准化服务。在物理设施和管理层，对内使用良好的调度和平衡方案，大量使用虚拟化技术；对外则屏蔽下层物理设备，为上层提供标准化计算和存储资源，根据用户的不同需求，提供不同水平和集成度的服务。

一般来讲，云数据中心的网络架构需要具备以下五大技术特性：

（1）高速以太网带宽压力是云数据中心网络的核心问题。比如，视频点播等应用，都需要万兆以太网。随着服务器和接入设备上万兆以太网的普及，数据中心的网络汇聚层和核心层设备对万兆以太网的需求越来越强烈，作为新一代云数据中心，其汇聚层或核心层至少应该采用100G以太网才能满足应用需求。

（2）缓存浪涌，也称为突发流量，表示瞬间的网络高速流量。这种情况在承载搜索业务的数据中心中表现尤为明显。数据中心处理一次搜索业务，一般是由一个服务器发起，然后向数据中心中保存有搜索信息业务的数千台服务器同时发起搜索请求，这些服务器几乎同一时间将搜索结果返回给发出搜索请求的服务器。

传统数据中心的网络采用出端口缓存的机制，使得所有数据流的突发在出端口处被缓存，缓存的大小即网络最大可能的突发值。云数据中心应用的特点要求缓存要大，所以一般云数据中心的网络设备必须具备超大缓存；同时不再用出端口缓存，而采用入端口缓存。

这种浪涌缓存技术能够自动调节不同方向的瞬时流量拥塞压力，是当前云数据中心网络的主要应用技术。

（3）网络虚拟化传统数据中心网络架构由于采用多层结构，导致网络结构比较复杂，使得数据中心基础网络的维护管理难度增大。云数据中心需要管理的网络设备会更多，因此有必要引入虚拟化技术进行设备管理。通过虚拟化技术，用户可以将多台设备连接，"横向整合"起来，组成一个"联合设备"，并将这些设备看作单一设备进行管理和使用。网络虚拟化也可以将一台设备分割成相互之间完全独立的多个虚拟设备。

（4）统一交换云数据中心网络需要具备"统一交换"的无阻塞全线速（线速是指线路数据传送的实际速率能够达到的名义值；无阻塞全线速是指交换的任意大小字节的报文均能够达到全线速的能力）交换架构。实现无阻塞全线速的架构也就意味着要具备统一交换技术。

（5）绿色节能云数据中心的网络是数据中心能耗的主要组成部分之一。只有通过降低网络的能耗才能提升云数据中心的运行效率。网络设备消耗的功率是该设备内所有器件消耗功率的总和，选择低功耗的器件是实现节能降耗的源头。其带来的效果不仅仅是整机功耗简单累加后的降低，还将降低热设计的代价。网络设备的电源系统要采用完备的电源智能管理，自动调节功率分配。此外，还可以通过模块化的设计以及虚拟化等绿色节能技术降低云数据中心的设备投入成本以及运营维护成本。

2. 云计算硬件基础架构

云计算硬件设施层位于云基础设施最底层，包括 CPU、GPU 和网络等必备硬件，是云计算的承载实体。根据云计算技术的特性，云计算环境中的硬件设备数量较多而且分布于不同地理位置，硬件设备之间通过互联网以及网络传输介质等途径进行连接。不同的硬件设备由统一的硬件设备管理系统进行管理，通过底层基础组成部件而实现硬件设备的逻辑虚拟化管理、多链路冗余管理、硬件基础设施的监控和故障处理管理等系统化管理措施。

具体来讲，云计算硬件基础架构主要包括服务器集群、海量存储设备和高速的网络带宽链路 3 部分。

（1）服务器集群。云计算最基本的硬件就是串联起来的服务器，为解决大规模服务器串联所引起的主机散热问题，云计算数据中心采用"货柜式"摆放法，即将大量的服务器集群规整地摆放在类似大货车的集装箱里。为实现云计算平台的效用性，对庞大规模的服务器集群需要采用具有可伸缩性、数据可重复性以及容错和平衡负载等特性的串联技术。比如，使用 Google 的 Atlanta 数据中心与 Oregon Dalles 数据中心互为备份，为维护服务器集群之间的负载平衡，将计算工作平均分配到不同服务器集群上。

（2）海量存储设备。作为 IaaS 承载实体，除提供高性能的计算之外，还必须要有足够的存储空间，以满足用户对不断增强的信息存储的需求。比如，Google 在全球约有 36 个数据中心，其中，19 个在美国、13 个在欧洲、3 个在亚洲、1 个在南美洲，可提供近 115.2 万兆字节存储空间，并通过 GFS 和 Big Table 实现数据的存储和管理。

（3）高速的网络带宽链路。一个云内可以包含数千甚至上万台服务器，虚拟化技术的普遍采用使实际网络节点的数量更大。因此，用于连接云内不同节点的网络就成为实现高效计算和存储能力的关键环节之一。云计算相关的网络技术需要解决以下 3 个主要问题：

1）虚拟机流量的接入与控制。由于虚拟机的引入，虚拟机之间流量的交换可能深入网卡内部进行，使得原本服务器与网络设备之间在网络接入层比较清晰的界限被打破，目前的主流方法是采用虚拟机软件厂商所提供的软件交换机。

2）数据中心内部横向流量的承载。在云计算数据中心中，出于对虚拟机热迁移的需要，汇聚层通常采用二层网络组网，这使得汇聚层二层网络规模大大增加，原有技术有可能造成链路的大量浪费。

3）数据和存储网络的融合。传统数据中心中存在两类网络，即连接服务器的以太网，以及连接服务器和存储设备的光纤存储网。两类网络的并存抬高了建设和运行管理成本，为适应云计算低成本的需要，数据网络和存储网络的融合成为一种趋势。

3. 云计算软件栈架构

为了更好地组织构成云计算基础架构的物理实体，必须设计相应的系统软件，以便更好地发挥物理实体的作用。

（1）IaaS 层。IaaS 层主要由分布文件系统和虚拟化层构成。为了更好地组织构成云基础的硬件设施，云计算底层通常有一个能够控制这些硬件设施的文件系统层，以便负责系统对硬件的访问，如 Google 的 GFS 和 Hadoop 的 HDFS。

虚拟化可以将独立的服务器和软件系统虚拟化为多个并行的可供操作的逻辑对象。虚拟化技术使应用程序和底层的物理硬件资源实现逻辑独立、解除了捆绑，使得系统能够适应各种应用程序，而与底层物理设备不再直接关联。

（2）PaaS 层。PaaS 层主要由云计算编程模式和数据管理层构成。云计算平台的一个重要指标是计算能力，对此，云计算服务平台必须提供一个简单有效的计算模型。目前，广泛应用于云计算平台的计算模型为 Map Reduce 模型。

云计算平台处理的数据具有规模大、分布广的特点。为了更好地组织用户访问的数据，需要数据库管理服务器专门处理数据，这样才能够满足用户高速存取数据的需求，如 Google 和 Hadoop 的数据管理层分别是 Big Table 和 HBase。

（3）SaaS 层。SaaS 层的作用在于根据不同的业务需求开发对应的应用服务接口，从而提供不同的业务访问能力，提高云计算服务系统供给的多样性和广泛性。其中，SaaS 层是否拥有设计良好、操作简单的应用接口和界面是 SaaS 层应用软件成功与否的关键。需要指出的是，由于目前不同的云计算服务提供商均为独立实体，各自拥有自己的云计算服务提供方式，所以云计算服务系统的访问类型和访问手段会因为云服务提供商的不同而存在差异。

二、云基础设施的安全问题

云服务提供商都会有自己的遍布全球的数据中心，而数据中心里便存放着组成云最底层的基础设施，如服务器、存储设备和网络硬件等。云基础设施作为云的底层，它的安全是云计算环境中用户数据和应用安全的基础。因此，保证云基础设施的安全性，才是彻底解决云计算安全问题的关键。

1. 硬件设施层的安全保护问题

（1）底层硬件设施。底层硬件设施层的安全性直接与云计算服务供给的安全性挂钩，它是云计算服务系统的安全基础。通常需要考虑以下几方面：

1）硬件管理。硬件设备具有一定的生命周期，不可能永远使用，老化的硬件不仅出错率高，还有可能造成数据丢失等严重问题，因此，保持硬件的更新换代尤为重要。依据硬件设备的特性不同，可以分为两类：一类是与用户数据无关的硬件设备，如路由器、交换机等，这类设备的更换较简单，换下来的旧设备也能在要求较低的地方继续使用；另一类是存储有用户信息的设备，如 SAN 或存有用户数据的服务器硬盘等，这类设备必须对其中存有的数据进行销毁，以防止任何可能的数据泄露。

2）物理访问。首先，数据中心必须保证对能进入数据中心的工作人员的资格进行严格审查与控制，保证工作人员权限最小化，以防止任何可能的权力滥用；其次，严禁携带任何移动设备，杜绝数据泄露的可能性；最后，置完善的监视、日志和审计制度，保证任何恶意行为事发后有据可查。

3）容灾安全。自然灾害无法避免，我们所能做的就是做好充分准备，在其到来时尽量减少损失。对于云计算而言，需要保证在一个数据中心遇到自然灾害而导致整个数据中心不可用时能够及时切换到其他数据中心，即用户数据必须在其他数据中心有相应的备份，保证任何灾难性的事件都不会导致数据的永久丢失。另外，数据中心应当尽量使用不同的电力和网络供应商等，以免遭遇断电和断网等情况。

（2）网络作为与外界入侵抗衡的一道屏障，从安全的角度来讲，需要考虑以下几方面：

1）防火墙与安全策略。为保证网络环境的安全性，必须制定严格而完善的管理策略。比如，支持逻辑上将物理防火墙划分成多个虚拟域，而每个虚拟域均可以看成一台完全独立的防火墙设备，彼此之间互不干扰。再如，开放使用端口 22 的安全服务器，如亚马逊即使用该端口支持有较高安全需求的应用部署等管理操作，还要提供如 IP 白名单的功能，保证访问云端应用、数据的口在访问控制列表之内等。

2）数据传输。云内部的数据通信必须保证使用 SSL，而云与用户之间基于安全性考虑，也应尽量使用 HTTPS 等安全通信协议进行相互认证。

2. 基础管理层安全保护问题

基础管理层将云计算环境中存在差异的硬件设备组合起来对外提供统一的服务。可以从外部防御和内部防范两个方面考虑基础管理层次的安全保护问题。

外部防御是指抵御一些来自云计算服务供给系统外部的安全攻击，如非法入侵、拒绝服务攻击等。内部防范主要是防止内部具有合法身份的用户有意或无意地做出对数据中心的基础设施安全有害的行为。

对于此类威胁，常采用的措施有构建完善的日志管理机制、对系统进行实时监控、对底层硬件设施层次配置数据进行必要的加密和备份等。

3. 平台网络安全保护问题

所有云服务的提供和使用都是通过网络实施的，由于网络的虚拟性，确认使用者的身份以及确保身份的合法性是其面对的首要问题。一旦攻击者获取到用户的身份验证信息，假冒合法用户，用户数据将完全暴露在其面前，其他安全措施都将失效，攻击者将有可能窃取或修改用户数据、窃听用户活动等，从而给用户带来损失，因此身份假冒是云计算技术面临的一大安全威胁。

云管理软件的不同组件之间也可能涉及数据中转、上传或下载等传输行为，可结合数据加密与加密传输协议来实现数据机密性与完整性。

除了采用传统的防火墙安全策略来提高网络的安全性外，还可通过监控网络流量以防止泛洪等攻击，如利用虚拟机上第三方入侵检测系统对网络状态实行监控以防止DDoS攻击。在公共 IaaS 和 PaaS 云中，网络层隔离模式消失。网络安全完全依赖于域，此时可以对内联网与外联网都进行隔离网络流量以提高安全。

4. 虚拟化层安全保护问题

云计算平台中的软件和硬件均可以通过虚拟化技术为多个用户所共享，从而实现资源利用效率的最大化，但是虚拟化技术也引入了比物理主机更多的安全风险。

从运维的角度来看，对于虚拟服务器系统，应当像对待一台物理服务器一样对它进行系统安全加固，同时严格控制物理主机上运行虚拟服务的数量。如果虚拟服务器需要与主机进行连接，应当通过 VPN 等安全方式通信，防止由于某台虚拟服务器被攻击后影响其所在的物理主机。

对虚拟服务器的运行状态进行严密监控，实时监控各虚拟机中的系统日志和防火墙日志，以此来发现存在的安全隐患，对不需要运行的虚拟机应当立即关闭。

由于传统的安全策略主要适用于物理设备，无法管理到每个虚拟机和虚拟网络等，因而传统的基于物理安全边界的防护机制难以有效地保护基于虚拟化环境的用户应用与信息安全。

5. 平台中数据的安全保护

云计算平台通过提供存储服务以支持用户数据的存储与使用。从保证数据可用性的角度来讲，云平台通常采用数据多备份技术。比如，Hadoop 平台，在默认情况下，每一个数据块在存储系统中保留三个备份，云服务提供商还需要定期对数据进行校验和同步。比如，亚马逊引入 Merkle 树算法来实现不同副本之间的数据同步，并通过计算比较不同数据段之间的散列值来检测数据完整性。

云数据中心管理员所具有的特权会对用户的数据隐私造成严重威胁。为防止云服务提供商对用户数据的异常访问或使用，需要采用特殊的加密和管理方式。它既要允许多用户之间的数据共享访问，又要防止数据的非法访问，这需要合理的密钥管理架构。比如，Roy 等人在云中数据的生成与计算阶段引入集中信息流控制和差分隐私保护技术，防止计算过程中非授权的数据被泄露，并支持对计算结果的自动解密；Bowers 等人针对云中数据的存储和使用阶段，提出一种基于客户端的隐私管理工具来支持用户控制自己的敏感信息在云端的存储和使用；Kirch 等人提出可利用自加密和完全硬盘加密方法对虚拟机映像及组成映像的文件中的加密数据实行保护。

6. 应用访问层安全保护问题

应用访问层是云计算服务供给系统与外界交互的通道。它按照不同的业务需求提供不同的应用服务访问接口，授权用户则通过这些接口接入云计算服务供给系统，进而访问和使用云计算服务。

针对应用访问层次的安全保护问题，需要考虑身份认证、访问控制与数据保护等安全手段。

（1）身份认证是系统安全的第一道防线。对于云端应用的使用者来讲，身份认证的实现方式多种多样，如基于用户名口令、基于一次性认证码和基于证书。无论如何，基本原则是应当保证认证级别与数据和应用的安全性需求一致。

（2）访问控制数据拥有者在需要与其他用户共享数据的时候，必须有安全的方式来实现。目前主流的方式是将访问控制策略集成到访问 URL 中，并由拥有者提供签名，授权给共享用户，共享用户在规定的时间内使用该 URL 访问数据资源。

第二节　网络安全

一、数据的保密性

云计算平台的数据，无论处于存储、运行或网络传输中的任何一个状态，系统都要保证其保密性。

保证数据的保密性，可以采取的措施主要包括：

1. 对数据进行存储隔离、存储加密和文件系统加密，确保云服务提供商无法查看或更改用户数据；

2. 采取虚拟机隔离和操作系统隔离，避免数据在运行时被他人窥视或更改；

3. 采用传输层加密和网络层加密，保证数据在网上或云内传输过程中不被其他人查看或更改。

在云计算环境中，数据隔离机制可以防止其他用户对数据的访问，也可以防止服务提供者内部的数据泄露。云计算中数据加密的常用方式是，在用户端使用用户密钥进行数据加密，然后上传到云计算的环境中，之后使用时再进行解密，避免将数据加密后存放在物理介质上。

二、认证授权和访问控制

访问控制是解决云计算中用户数据隐私性保护的关键技术之一，它能够根据安全策略限制对云中数据的非法访问，保证用户存放在云计算平台中的数据安全。

通过集中的身份和访问管理，采用适当的访问控制，云用户能够用一种标准的方法来保护影响数据安全的操作，从而满足安全上的需要，避免访问风险。云用户的认证授权和访问控制措施需要符合如下要求：

1. 身份管理。在用户生命周期中，有效地管理用户的身份和访问资源的权限。

2. 访问授权。在用户生命周期中，提供随时随地的访问。用户生命周期可能跨越多种环境和安全域，可以通过集中的身份、访问、认证和审查，监测、管理并降低身份识别和访问的风险。

3. 权限收回。云计算系统需要具备将权限从主体收回的功能，这样才能防止在客体撤销主体的权限后，主体再对客体进行越权访问。

4. 访问检查。云计算系统需要通过访问检查功能模块来实施整个系统的访问控制，允许合法的访问，阻止非法的访问，进行授权和权限收回。

三、网络的安全性和隔离性

云计算主要取决于互联网和远程计算机或服务器维护运行各种应用程序的数据。网络用来上传所有信息；同时，它提供虚拟资源、高带宽和软件以满足消费者的需求。云计算的网络结构面临各种攻击，主要类型有 SQL 注入攻击、浏览器的安全问题、泛洪攻击和不完整的数据删除等。可以通过以下网络技术保证网络的安全性和隔离性：

1. VLAN。在数据中心内部隔离不同的应用和用户程序，确保用户数据不被其他用户获取，但网络管理人员还是可以看到所有的网络数据，因此这种方法不能保证用户数据的保密性。

2. VPN。虚拟专用网络将多个分布的计算机用一个私有的经过加密的网络连接起来，形成一个用户的私有网络，采用这种方式可以保证用户数据传输的安全性。

第三节　虚拟化技术及其安全

虚拟化技术由于在提高基础设施可靠性和提升资源利用效率等方面具有巨大优势，其应用领域越来越广泛，如服务整合、资源整合、系统安全和分布式计算等。特别是新兴起的云计算，更需要虚拟化技术的支撑。目前，几乎所有的公有云服务提供商都是通过虚拟技术向用户提供相应的服务。

一、虚拟化技术概述

1. 发展历程

虚拟化技术是伴随着计算机技术的产生而出现的，在计算机技术的发展历程中，虚拟化技术一直扮演着重要角色。

虚拟化技术的起源最早可以追溯到 1959 年，计算机科学家 Christopher Strachey 发表的一篇名为，《大型高速计算机中的时间共享》的学术论文。他在文中提出了虚拟化的基本概念，这篇文章被认为是虚拟化技术的最早论述。虚拟化作为一个概念被正式提出，自此迎来了虚拟化新纪元的开始。此后的十几年，虚拟化技术走进了初始发展阶段。直到 20 世纪 60 年代，IBM 公司为其 System/360Mode167 大型机发明了一种虚拟机监控器（VMM）技术。这种技术将一台大型计算机划分为多个逻辑实例，每个逻辑实例运行一个操作系统，使得用户可以在一台计算机上同时运行多个操作系统，而用户在使用这些操作系统时就像在真实的物理设备上使用操作系统一样。通过这种技术，用户可以充分地利用昂贵的大型机资源，降低了大型机资源的使用成本。

在接下来的 10 年间，由于计算机硬件成本的显著下降，当初为了共享昂贵计算机硬件资源而设计的虚拟化技术受到的关注度有所降低，但在高档服务器中仍继续存在。20 世纪 70 年代以后，随着计算机技术的发展和市场竞争的要求，大型机的技术开始向小型机和 UNIX 服务器转移。IBM、HP 和 SUN 等公司都将虚拟化技术引入各自的高端精简指令集 RISC 服务器和小型计算机中。由于不同厂商的产品和技术不能很好地兼容，这使得虚拟化技术的发展进程有所变慢，公众关注度也有所降低。

2. 虚拟化的优势

虚拟化技术所带来的效益与价值是多方面的。具体来讲，主要包括以下几点：

（1）提高资源利用率。通过虚拟化技术可以将原本一台机器的资源分配给数台虚拟化的机器而不牺牲性能，这可以使企业在不增加硬件资源的情况下提供更多的服务，即提升了已有资源的利用率。

（2）降低成本。由于虚拟化技术实现了资源的逻辑抽象和统一表示。因此，在服务器、网络及存储管理等方面都有着突出的优势，如可以降低管理复杂度，从而有效地控制管理成本，或者可以方便地实现虚拟机在物理机之间的动态迁移，进而实现计算资源或任务的整合，从而通过关停无负载的物理机器来降低运营成本。

（3）隔离。虽然虚拟机可以共享一台计算机的物理资源，但它们彼此之间是完全隔离的，就像它们是不同的物理计算机一样。因此，在可用性和安全性方面，虚拟环境中运行的应用程序之所以远优于在传统的非虚拟化系统中运行的应用程序，隔离就是一个重要的原因。

（4）高可用性。传统的解决方案多为采用双机热备（需要购买两台服务器、两套操作系统、两套数据库和双机热备软件等）的方式来保证业务的连续性，但是这种方式是以付出昂贵的成本为代价的。通过虚拟化，以软件的方式实现高可用性的要求，可以把意外宕机的恢复时间降至最低。在充分利用现有硬件计算能力的前提下，在多台服务器上部署虚拟化软件后，即使一台服务器出现故障意外宕机，虚拟化软件也会自动把该服务器的应用系统切换到其他服务器上来运行，从而以相对较低的成本在最大限度上保证不同应用系统的连续性，降低了风险。

（5）封装。所有与虚拟机相关的内容都存储在文件中，复制和移动虚拟机就像复制和移动普通文件一样简单、方便。

（6）便于管理。通过虚拟化可以集中式地管理和监控所有的物理服务器和虚拟机，灵活动态地调整和分配虚拟机的运算资源，使一个管理员可以轻松地管理比以前更多的设备而不会造成更大的负担。

3. 虚拟化的概念

尽管虚报化已经成为 IT 界的热门话题之一，但目前关于虚拟化的定义并没有统一的标准。在实践中，可以从广义与狭义两个方面来理解虚拟化概念。在计算机科学领域，广义上的虚拟化是指计算元件在虚拟的基础上而不是真实的基础上运行，是一个为了简化管理、优化资源的解决方案。狭义上的虚拟化是指在计算机上模拟运行多个操作系统的技术。可以说，凡是把一种形式的资源以另一种形式呈现出来的方法都可以称为虚拟化。

本质上讲，虚拟化就是将物理实体资源转换为逻辑上可以管理的资源，以打破物理实体间不可切割的障碍。换言之，虚报化就是一种资源管理技术，它将硬件、软件和存储等物理资源虚拟成多个虚拟资源提供给不同的系统使用，以提高资源利用率，使得程序运行在虚拟资源上。

为了便于后面对虚拟化技术的讨论，这里首先给出与虚拟化技术密切相关的几个重要概念：

（1）宿主机（Host）。虚拟机监控器所在的主机系统。

（2）客户机（Guest）。运行在虚拟机监控器之上的虚拟机系统。

（3）宿主操作系统。运行虚拟机监控器的操作系统。

（4）客户操作系统。运行在虚拟机监控器之上的虚拟机里的操作系统。

（5）虚拟机。顾名思义，虚拟机就是指一台虚拟的计算机，是一种严密隔离的软件容器。它可以运行自己的操作系统和应用程序，就好像一台物理计算机，具有自己的虚拟 CPU、RAM、硬盘和网卡等设备。虚拟的含义，是相对于我们日常使用的物理计算机来讲的。物理计算机是摸得到、看得见的 CPU、硬盘和内存等设备；而虚拟机则是一种被虚拟化的技术，虚拟机中的 CPU 和内存等设备是看不见、摸不到的，但是我们可以使用它们。比如，可以使用虚拟机中的硬盘来存储数据，使用虚拟机中的网卡来连接网络等。其实这些功能都是由计算机软件模拟出来的，在使用过程中，我们并不会感觉到虚拟机和真实的物理计算机之间有什么不同。

（6）虚拟机监控器。它也称为虚拟机管理器或 Hypervisor，虚拟化解决方案的实质是要进行物理实体虚拟化。然而，有的物理实体直接支持虚拟化，有的不直接支持虚拟化。对于后者，就需要虚拟化管理程序 VMM 的支持，即 VMM 可以看作是为了虚拟化而设计出来的一个完整 OS，它可以对所有的底层硬件资源如 CPU、内存和 I/O 等进行管理。VMM 是虚拟机中最关键的组件，通过它可允许多个操作系统和应用程序共享底层的硬件资源。

4. 虚拟化类别

按应用类别的不同，虚拟化可以分为如下三类：

（1）平台虚拟化。平台虚拟化是针对计算机和操作系统的虚拟化。

（2）资源虚拟化。资源虚拟化是针对特定的系统资源，比如，存储资源和网络资源等的虚拟化。网络虚拟化是指将网络的硬件和软件资源进行整合，向用户提供虚拟网络连接的技术。存储虚拟化是指为物理存储设备提供一个逻辑视图，通过这个视图的统一逻辑接口来访问被整合的存储硬件资源的技术。

（3）软件虚拟化。软件虚拟化包括应用虚拟化和高级语言虚拟化。应用虚拟化是指将应用程序和操作系统分离，独立为应用程序提供一个虚拟的运行时支撑环境；高级语言虚拟化则解决了可执行程序在不同体系结构计算机间迁移的问题。

我们通常所说的虚拟化主要是指平台虚拟化，也称为服务器虚拟化。这是一种针对计算机和操作系统的虚拟化技术，通过使用 VMM 隐藏特定计算平台的实际物理特性，为用户提供抽象的、统一的、模拟的计算环境，此环境被称为虚拟机。各虚拟机之间通过负责管理虚拟机的软件 VMM 共享 CPU、网络、内存和硬盘等物理资源，每台虚拟机都有独立的运行环境。

综上所述，服务器虚拟化环境由硬件、VMM 和虚拟机三个部分组成。VMM 是建立在虚拟机和硬件中间的一层监控软件。它取代了宿主操作系统的位置，负责对硬件资源的分配和管理，并为由它创建出来的虚拟机提供硬件资源抽象，为虚拟机创建高效而相对独立的虚拟执行环境，承担了虚拟化的主要工作。

需要指出的是，在 VMM 技术出现之前，虚拟软件必须装在一个操作系统上，然后在虚拟软件之上安装虚拟机，并在其中运行虚拟的系统及应用。

二、服务器虚拟化关键技术

多数现有的数据中心都是采用服务器虚拟化技术构建的。关于服务器虚拟化的概念，各个厂商有自己不同的定义，然而其核心思想是一致的，即将服务器物理资源如硬件、操作系统和应用程序等抽象成逻辑资源，让一台服务器变成几台甚至上百台相互隔离的虚拟服务器，这样可以不再受到物理上的限制，而是让 CPU、内存、硬盘I/O 等硬件变成可以动态管理的资源池，从而提高资源的利用率，简化系统管理，实现服务器整合。

1.服务器虚拟化概述

服务器虚拟化将系统虚拟化技术应用于服务器上，可以将一台服务器虚拟成多个服务器使用。例如，有多台独立的物理服务器，每台服务器上都分别运行了不同的操作系统及应用，这种传统意义的服务器工作模式容易造成物理服务器的资源利用率低、管理复杂、维护不便等问题。当采用服务器虚拟化技术后，便可以在一台物理服务器上虚拟出若干个虚拟服务器，同时服务器虚拟化也为虚拟服务器提供了虚拟硬件设施，并提供良好的隔离性和安全性。服务器虚拟化通过虚拟化软件向上提供对硬件设备的抽象和对虚拟服务器的管理。服务器虚拟化的实现方式主要有两种，即寄宿虚拟化和原生虚拟化。其中，寄宿虚拟化是完全依赖于宿主操作系统，性能较低，是容易实现的方式；原生虚拟化则完全脱离了宿主操作系统，性能较高，是不易实现的方式。虚拟机监视器负责对虚拟机提供硬件资源抽象，为客户操作系统提供运行环境；虚拟化平台则负责虚拟机的托管，直接运行在硬件之上，其实现直接受底层体系结构的约束。无论采用何种方式实现服务器虚拟化，它都具有多实例、隔离性、封装性及高性能四个特性，以保证可以被有效地运用于实际环境中。在没有使用虚拟化服务器前，每个服务器往往独立提供和承担一个功能，采用了虚拟服务器后，可以在一台物理服务器上运行多个虚拟服务器，同时提供这些服务器之前的所有功能和服务。

2.服务器虚拟化关键技术

本质上讲，服务器虚拟化主要是对三类基础硬件资源（CPU、内存、设备I/O）进行虚拟化。下面介绍相关服务器虚拟化必备的两种资源虚拟化：CPU虚拟化、内存虚拟化。

（1）CPU虚拟化。CPU虚拟化是指将物理机上的一个物理CPU，在同一时间段内按照一定的规则为每一台虚拟机模拟出一个或者多个虚拟CPU。由于CPU的独占性，一个物理CPU只能处理一个虚拟CPU的指令，导致在同一时刻一个物理CPU不能对应多个虚拟CPU的指令，但是一段时间内通过时间片轮转算法或者CPU调度算法，可以使一个物理CPU上运行多个虚拟CPU、VMM在中间起了调度和协调资源分配的作用，即VMM在虚拟机之间进行切换时起协调和调度资源的作用，同时负责保存和恢复现场信息。显然，VMM如何合理又高效率地调度每一个虚拟CPU资源成为关键问题。

CPU虚拟化面临的难题是操作系统要在虚拟化环境中执行特权指令功能。目前的操作系统大多基于x86架构，根据最初的设计，x86上的操作系统需要直接运行在物理机上，完整拥有整个底层物理硬件。对于CPU而言，x86架构提供了四种运行级别，分别为Ring0（指令层级）、Ring1、Ring2和Ring3，通常，用户级的应用一般运行在Ring3级别，操作系统需要直接访问内存和硬件，可执行任何指令如修改CPU状态的指令，只能在Ring0级别中完成。

为了虚拟化x86架构，要求操作系统与底层硬件之间加入虚拟层，由虚拟层来创建和管理虚拟机，进行共享资源分配。而Ring0只能运行在虚拟层，这导致操作系统的特权指令不能直接运行在硬件上，操作系统如中断处理等特权操作便不能完成，进而增加了基于x86架构的CPU虚拟化的实现难度。

当前CPU虚拟化技术的方法主要分为半虚拟化和全虚拟化。全虚拟化通过二进制代码动态翻译技术来解决操作系统特权指令的使用问题。

（2）内存虚拟化。内存虚拟化就是把物理机的内存进行统一管理，虚拟封装成虚拟机所使用的虚拟内存，以提供给每个虚拟机使用，将虚拟内存空间独立提供给虚拟机中的进程。

虚拟内存的实现在于对物理内存进行管理，按虚拟层对内存的需求划分物理内存，建立虚拟层所需内存地址与物理机内存地址的映射关系，保证虚拟层的内存访问在虚拟内存和物理机内存的连续和一致。映射关系的技术实现是内存虚拟化的核心。

内存与 CPU 同等重要，访问次数同等频繁，因此内存虚拟化效率的高低对虚拟机性能也有着重大影响。由于内存通常采用复杂的存储体系结构，因此，内存虚拟化要比 CPU 虚拟化更具挑战性。对于这个问题的解决，常用技术是影子页表技术和页表写入法。

影子页表技术就是让 VMM 维护一个虚拟机的内存管理数据结构的影子页表，影子页表数据结构使 VMM 精确地控制机器内存的页表给虚拟机使用。当操作系统在虚拟机中运行时，需要建立页表的一个映射，VMM 负责检测变化，并且建立相应的一个影子页表项的映射指向硬件内存中实际页表的位置。当虚拟机正在执行时，硬件使用影子页表进行内存转换，以便 VMM 总是能控制每个虚拟机使用的内存。

页表写入法是虚拟机操作系统创建一个页表，并通过 VMM 注册该页表。虚拟机操作系统在自己的页表中得到真实的机器内存地址，然后每一次修改页表时，调入虚拟机管理器更新页表。

目前，x86 内有一个内存管理模块 MMU 和转换旁路缓存 TLB(块表里面存放的是一些虚拟地址到物理地址的转换表。当处理器要在主内存寻址时，不是直接在内存的物理地址里查找，而是通过一组虚拟地址转换到主内存的物理地址，TLB 就是负责将虚拟内存地址翻译成实际的物理内存地址，而 CPU 寻址时会优先在 TLB 中进行寻址)，通过 MMU 和 TLB 来优化虚拟内存的性能。为了在一台机器上运行多个虚拟机，需要增加一个新的内存虚拟化层，即必须虚拟 MMU 来支持客户操作系统。客户操作系统继续控制虚拟地址到客户内存物理地址的映射，但是客户操作系统不能直接访问实际机器内存。VMM 负责映射客户物理内存到实际机器内存，通过影子页表来加速映射。当客户操作系统更改了虚拟内存到物理内存的映射表，VMM 也会更新影子页表来启动直接查询。MMU 虚拟化引入了虚拟化损耗，第二代的硬件辅助虚拟化将支持内存的虚拟化辅助，从而大大降低了因此而带来的虚拟化损耗，让内存虚拟化更高效。

第四节　云服务级安全

云计算服务模式拥有传统服务模式所不具备的很多特性，它融合多种技术以集约化的资源管理方式向用户提供方便和灵活的服务，这种新的服务模式已又一次引起重大的产业变革，但同时也带来不少值得深思的新安全问题。

对云计算平台而言，无论 IaaS、PaaS、SaaS 中的哪一种服务模式，都应保证应用和数据的安全性。

一、IaaS 云安全

IaaS 云服务提供商会提供给用户所有设施的使用权，使用户可以自由地部署自己的操作系统镜像，所以 IaaS 模式面临的安全问题是最多的，而且这些问题也主要与云平台本身相关。同时，IaaS 云服务提供商将云用户部署在虚拟机上的应用看作一个黑盒子，因此云用户负责 IaaS 云之上应用安全的全部责任。

作为云计算的底层服务，IaaS 涵盖了从底层的物理设备到硬件平台等所有的基础设施资源层面。其主要功能是为其上的各种服务提供支撑功能。这种支撑功能主要是通过对基础设施资源进行抽象虚拟化后，借助虚拟化技术实现的。虚拟化的终极状态是 IaaS 提供商提供的一组应用程序编程接口，API 允许用户与基础设施进行管理和其他形式的交互。IaaS 主要的用户是云管理人员。

1. IaaS 的安全问题

IaaS 层处于云计算平台的底层，为上层云应用提供安全数据存储和计算等资源服务，是整个云计算体系安全的基石。IaaS 平台既有传统数据中心的安全特性，更面临自身特有的安全风险。

IaaS 层的安全包括物理设施安全、硬件资源层安全、虚拟化平台安全、虚拟化资源层安全、接口层安全、数据安全、加密和密钥管理、身份识别和访问控制、安全事件管理和业务连续性等。

（1）物理设施安全问题。物理设施安全是指保护云计算平台包括服务器、通信网络和电源等物理实体免遭地震、水灾和火灾等自然事故，以及人为行为导致的破坏，如云数据中心供电设备失效导致服务器宕机及数据丢失等问题。

基础物理实体的安全是整个云计算系统安全的大前提。虽然云计算并没有改变传统物理实体所面临的安全问题，但是因为云平台，尤其是公有云平台托管的用户将比传统信息系统多很多，因此物理设备的安全问题会造成更广泛的影响。

（2）硬件资源层安全问题。硬件资源层安全包括服务器安全、存储安全和网络安全等。

服务器安全是指云计算系统中的作为海量数据存储、传输和应用处理的基础设施服务器的安全性，其主要防护措施包括身份认证、访问控制、主机安全审计和安全规则等。

存储安全是指提供存储资源的物理设施及存储网络，确保存储资源的可用性和可靠性等目标。其主要通过提供存储设备冗余设置、存储网络访问控制，以及存储网络监控等安全措施来预防存储硬件失效和共享存储网络拒绝服务等安全问题。

网络安全是指网络架构、网络设备和安全设备方面的安全性，主要体现在网络拓扑安全、安全域的划分及边界防护、网络资源的访问控制、远程接入的安全、路由系统的安全、入侵检测的手段和网络设施防病毒等方面。其主要是通过提供安全措施划分安全域、实施安全边界防护、部署防火墙、部署 DoS、防病毒网关和身份认证等措施解决此类安全问题。

2. IaaS 安全对策

解决上述提到的安全问题是运营商发展 IaaS 业务的重点。解决 IaaS 安全问题主要通过管理和技术。

（1）用户数据可控和数据隔离。通过用户控制其使用的网络策略和安全以及虚拟化存储可以解决数据泄露的风险。

（2）综合考虑数据中心软硬件部署。在选购硬件时，要综合考虑质量、品牌、易用性、价格和可维护性等因素，并选择性价比高的厂商产品。在选择虚拟化软件中，也需要在价格、厂商和质量之间平衡。

（3）针对服务中断等不可抗拒因素。服务中断在信息环境中始终存在，在设置云计算数据中心时，最好采用"两地三中心"策略，进行数据的备份，即数据中心附近设置同地域灾备中心，在其他地域设置另一个异地灾备中心。

二、PaaS 云安全

相对 IaaS 层，PaaS 层主要增加了应用开发框架、中间件能力以及数据库、消息和队列等功能的集成，并提供了一组丰富的 API。开发者在 PaaS 平台之上可以非常方便地编写应用，开发的编程语言和工具由 PaaS 支持提供。另外，通过 PaaS，用户无须涉及服务器、操作系统、网络和存储等资源的管理，这些烦琐的工作都由 PaaS 供应商负责处理。PaaS 主要的用户是开发人员。

1. PaaS 的安全问题

PaaS 层的安全包含两个层次：一是 PaaS 平台自身的安全；二是用户部署在 PaaS 平台上应用的安全。云服务供应商负责保障云计算基础架构（防火墙、服务器和操作系统等）的安全，但控制和保证云应用安全的任务需要用户自己来承担。

对 PaaS 提供商来讲，PaaS 层需关注平台本身安全，主要包括对外提供安全 API、运行安全和数据安全。

（1）API 安全问题。PaaS 层的特点就是提供丰富的 API，让用户可以通过这些 API 在云平台上开发和部署自己的应用，不安全的 API 会直接导致用户开发的应用程序安全性降低。同样 PaaS 层也有其特有的 API 安全问题，如不同云服务提供商没有统一的 API，这会导致在某一个云平台上安全的应用程序移植到另一个云平台后变得不再安全。例如，Google App Engine 使用 Python、Java 或 Go 语言设定用户安全配置，而 Force.com 使用 Apex 语言设定安全参数，不仅使用的编程语言不同，二者所能提供的安全服务水平也不相同。

对于 PaaS 的 API 设计，目前国际上并没有统一的标准，这给 API 的安全管理带来了不确定性。另外，目前 PaaS 提供的安全保障 API 数量还不足，只能向用户提供如 SSL 配置、基本的访问控制和权限管理等基本安全功能。所以增加安全功能 API 的数量，并向用户提供完善的安全保障服务也是 PaaS 服务所要考虑的一个主要问题。

（2）数据安全问题。在应用管理方面，PaaS 的安全原则就是确保用户数据只有用户本人才能访问和授权，实行多用户应用隔离，不能被非法访问和窃取。在这种环境下，PaaS 层的数据安全问题主要来源于应用程序使用的静态数据是不加密的。这些不加密的静态数据很有可能被来自内部的攻击者或者非授权访问者所窃取，从而破坏数据的保密性。

（3）运行安全问题。云服务提供商应负责监控 PaaS 平台的运行安全，主要包括对用户应用的安全审核、不同应用的监控、不同用户系统的隔离和安全审计等。主要措施是加强软硬件系统的运行稳定性，如及时发布软件补丁更新，解决安全漏洞。

2.PaaS 安全对策

针对上述提到的安全问题，可以采用如下对策来减少 PaaS 安全风险：

（1）严格执行配置操作流程。严格按照应用程序供应商提供的安全手册进行配置，不要留有默认的密码或者不安全的账户。

（2）确保及时更新补丁。必须确保有一个变更管理项目，来保证软件补丁和变更程序能够立刻起作用。

（3）重新设计安全应用。要解决这一问题，需从如下两方面来考虑：一方面需要对已有应用进行重新设计，把安全工作做得更细一点，确保使用应用的所有用户都能被证明是真实可靠的；另一方面，可以应用适当的数据和应用许可制度，确保所有访问控制决策都是基于用户授权来制定的。

第五节　应用级安全

云应用程序的安全是云安全项目的重要组成部分。应用程序安全的范围包括了从简单的个体用户应用到复杂的多租户电子商务应用程序和网站应用程序。

一、云应用的安全

1. SaaS 应用的安全性

用户可以使用智能终端设备通过浏览器来访问 SaaS 应用，这种模式决定了服务提供商需要最大限度地保证提供给客户的应用程序和组件的安全，而客户终端通常只需执行应用层安全功能。

需要特别关注的是，SaaS 服务商提供的授权和访问控制，因为这通常是管理信息的唯一安全控件，如 Salesforce com 和 Google 的大多数服务器都会提供一个基于网站的管理员用户接口工具，用来管理应用程序的授权和访问控制。

2. PaaS 应用的安全性

由于用户缺乏对 PaaS 中底层基础设施的控制，因此，通常来说，PaaS 服务提供商负责保护运行客户应用程序的平台软件堆栈的安全。

首先，从技术上看，目前 PaaS 对底层资源的调度和分配采用"尽力而为"机制，如果一个平台上运行多个应用，就会存在资源分配和优先级配置等问题。要解决这些问题，需要借助 Ias 层的虚拟化机制来实现多个应用的资源调配和 SLA。

其次，用户基于 PaaS 平台开发的软件最终也会部署在该平台上。要保证应用程序的可靠运行，尤其是保证不同应用的运行环境之间相互隔离，避免不同用户的应用程序在运行时相互影响；同时，用户数据则只有自己的应用程序可以访问。所以，PaaS 云提供商为了实现平台安全性以及应用安全性，必须提供不同应用运行的"沙箱"环境，实现不同应用运行环境的逻辑隔离。为了提供"沙箱"环境，现有云提供商一般通过为每一个用户应用提供一个容器来实现逻辑上的隔离。

3. IaaS 应用的安全性

IaaS 层上的用户应用程序主要是指用户自己部署的操作系统镜像。在实际应用中，提供 IaaS 服务的云服务提供商会将用户的操作系统实例当作黑盒来处理，即 IaaS 提供商完全不了解客户应用的管理和运维情况。因此，用户的应用程序，无论运行在何种平台上，都由客户部署和管理，因此用户肩负有 IaaS 云主机之上应用安全的全部责任。

具体来讲，用户应用程序、运行时的应用平台应运行于用户虚拟机中，用户对其进行部署和配置，除了一些基础的引导和可能影响应用程序与云外的应用程序、用户、服务器交互的防火墙策略，用户通常需要独自保护 IaaS 中应用程序的安全，即相应的应用程序安全措施必须由用户提供。因此，云服务提供商在设计 IaaS 云框架时，其公有云内的网站应用程序必须能够抵御来自互联网的威胁，至少有一套针对主流网站漏洞的标准安全策略；同时应定期对漏洞进行检测。

用户应该能够对应用程序和运行平台定期打补丁，以保护系统不遭受恶意软件和黑客对云内数据进行非授权访问；同时让账户以最低权限的运行方式运行应用程序。

二、最终用户的安全

云安全的主要目标之一是保护用户数据安全。作为云服务的使用者，应该有自己的安全防御体系，如在终端设备上安装防病毒软件和防火墙等。

由于所有的浏览器在面临终端用户攻击时都变得非常脆弱，因此，云用户应采用适当的方法保护浏览器不受攻击，如定期升级浏览器、打补丁等可以减少软件漏洞方面的威胁。终端还应该加强虚拟化软件的管理，因为虚拟化软件之间的通信不受网络通信的监控，所以存在安全隐患，容易受到网络的匿名攻击。因此，接入云端的用户应尽可能地降低这方面的安全隐患。此外，还可以使用以下协议和组件来确保浏览器及传输通道的安全：

1.SSL 和其继任者 TLS 是大部分网站浏览器都支持的基础协议，主要用于安全的传输网站和客户端数据，并使用数字证书进行认证。

2. SSH 是一种在不安全网络上提供安全远程登录及其他安全网络服务的协议，最初是 UNIX 系统上的一个程序，后来扩展到其他操作平台。

3. VPN 是一个通过因特网的临时的、安全的隧道，使用这条隧道可以对数据进行加密以达到安全使用互联网的目的，并保证数据的安全传输。

结　语

　　随着 21 世纪科学技术的迅速发展，计算机已经逐渐融入人们的生活和学习当中，在各个方面都得到了广泛应用，不仅方便了人们的生活，也帮助人们创造了巨大的经济利益。随着社会的发展，越来越多的人生活在一个信息化的社会，随着信息量的剧增，人们也开始重视自身信息和企业重要数据的安全性和保密性，并且对于数据保密有了更高的要求和需要。

　　随着计算机技术的迅速发展，人们在不断地享受计算机带来的便利的同时，也同样使生活完全暴露在互联网世界中。因此，数据的加密技术就成为互联网安全系统发展过程中的重中之重。如何将数据加密技术较好地应用到计算机安全中也是我们现阶段应该作为重点的研究课题。

　　综上所述，计算机技术的迅速发展，在给予我们方便的同时，也使得我们面临着许多安全隐患，我们只有不断找寻办法规避隐患的发生和发展。计算机技术与安全研究需要不断升级，提高计算机的安全可靠性，才能够保证互联网的迅速发展和使用的安全。

参 考 文 献

[1] 姚玉开，赵杰，陈洋.浅析计算机网络安全技术的影响因素与防范措施 [J]. 中国设备工程，2022(1).

[2] 朱岑园.数字图书馆计算机网络的安全技术及其防护策略 [J].科技创新与应用，2022，12(1).

[3] 王伟然，刘志波.大数据背景下数据加密技术在计算机网络安全中的应用分析 [J].电子世界，2021(24).

[4] 田扬畅.计算机网络安全防范技术的研究和应用 [J].普洱学院学报，2021，37(6).

[5] 贺伟萍.基于网络安全的计算机信息处理技术研究 [J].科技与创新，2021(24).

[6] 常青.计算机网络通信安全中数据加密技术的应用 [J].数字技术与应用，2021，39(12).

[7] 李洋.基于云计算的计算机网络安全存储技术研究：评《云存储安全实践》[J].现代雷达，2021，43(12).

[8] 刘淼.数据加密技术在计算机网络安全中的运用策略：评《计算机网络安全与管理》[J].热带作物学报，2021，42(12).

[9] 王震.计算机网络安全的入侵检测技术分析 [J].中国信息化，2021(12).

[10] 金梦然.计算机网络安全中的防火墙技术应用 [J].电子技术，2021，50(12).

[11] 王梁.计算机网络安全及防火墙技术分析 [J].中国管理信息化，2021，24(24).

[12] 刘延梅.浅谈计算机网络安全技术的影响因素与防范措施 [J].软件，2021，42(12).

[13] 刘维.电子商务中计算机网络安全技术的运用分析 [J].网络安全技术与应用，2021(12).

[14] 王瑞花.计算机网络安全防御系统设计及关键技术探讨 [J].网络安全技术与应用，2021(12).

[15] 梁伟杰.基于云计算的计算机实验室网络安全技术研究 [J].网络安全技术与应用，2021(12).

[16] 谭祥明，杜守红.计算机网络安全技术的影响因素与防范措施 [J].网络安全技术与应用，2021(12).

[17] 周仁刚.计算机信息管理技术在网络安全维护中的作用 [J]. 网络安全技术与应用，2021（12）.

[18] 刘小铭，许旭江.物联网环境下网络安全技术的研究与应用 [J]. 网络安全技术与应用，2021（12）.

[19] 徐洪位.计算机网络安全技术实践探讨 [J]. 南方农机，2021，52（23）.

[20] 杨林.数据加密技术在计算机网络安全中的应用 [J]. 无线互联科技，2021，18（23）.

[21] 赵睿，康哲，张伟龙.计算机网络管理与安全技术研究 [M]. 长春：吉林大学出版社，2018.

[22] 王晓霞，刘艳云.计算机网络信息安全及管理技术研究 [M]. 北京：中国原子能出版社，2019.

[23] 邓才宝.计算机网络技术与网络安全问题研究 [M]. 西安：西北工业大学出版社，2019.

[24] 吴朔媚，宋建卫.计算机网络安全技术研究 [M]. 长春：东北师范大学出版社，2017.

[25] 孟祥丰，白永祥.计算机网络安全技术研究 [M]. 北京：北京理工大学出版社，2013.

[26] 薛光辉，鲍海燕，张虹.计算机网络技术与安全研究 [M]. 长春：吉林科学技术出版社，2021.

[27] 刘伟学.计算机网络安全技术研究 [M]. 西安：西北工业大学出版社，2020.

[28] 计算机安全技术与防护研究 [M]. 延吉：延边大学出版社，2020.

[29] 金孟霞.计算机信息安全与技术手段研究 [M]. 北京：中国原子能出版社，2019.

[30] 刘毅新，赵莉苹，朱贺军.计算机网络安全关键技术研究 [M]. 北京：北京工业大学出版社，2019.